Guia de Plantas Medicinais e Aromáticas em Hortos Comunitários

Lindolpho Capellari Jr.
Nair Sizuka Nobuyasu Guimarães

FEALQ

2022

Catalogação na Publicação
DIVISÃO DE BIBLIOTECA - DIBD/ESALQ/USP

Capellari Júnior, Lindolpho
Guia de plantas medicinais e aromáticas em hortos comunitários / Lindolpho Capellari Júnior e Nair Sizuka Nobuyasu Guimarães. - - Piracicaba : FEALQ, 2022
184 p. : il.

ISBN: 978-65-89722-14-4

1. Guias 2. Hortos comunitários 3. Plantas aromáticas 4. Plantas medicinais I. Guimarães, N. S. N. II. Título

CDD 633.88

Elaborada por Maria Angela de Toledo Leme - CRB-8/3359

Os Autores

Lindolpho Capellari Júnior é engenheiro agrônomo formado pela ESALQ/USP, mestre e doutor em Biologia Vegetal pela UNICAMP, e professor no Departamento de Ciências Biológicas na ESALQ desde 1987, lecionando "Botânica Sistemática" para a Engenharia Agronômica. Há duas décadas coordena a disciplina de "Botânica Geral" do Curso de Gestão Ambiental e oferece a disciplina optativa "Botânica de Plantas Medicinais e Aromáticas". Coordenou durante cerca de dez anos o GeWA (Grupo de estudos "Walter Accorsi") onde orientou inúmeros estudantes. Apresentou, com seus estagiários, trabalhos em congressos internacionais de Etnofarmacologia e organizou exposições sobre plantas medicinais no Brasil e na Itália. Trabalha com projetos de hortos comunitários de plantas medicinais, inclusive daqueles citados abaixo.

Nair Sizuka Nobuyasu Guimarães, médica sanitarista, desenvolve o estudo de preparações tradicionais de plantas medicinais visando otimizar o seu aproveitamento com base em pesquisas atuais. Alem da formação em fitoterapia, tem se dedicado a implementação de hortos medicinais em comunidades e escolas há mais de 10 anos. Atuando em gestão e promoção da saúde de municípios, no período de 1989 a 2008, verificou a inegável contribuição do uso de plantas na prevenção e cura de doenças. Participou de projeto selecionado entre os 20 melhores do Brasil, do programa caixa melhores práticas em gestão local 2013/2014 e prêmio internacional de inovação com horto medicinal na EMEFEI Maria Augusta pela Antenna Foundation, ambos em Santa Bárbara d'Oeste/SP. Atua desde 2010 na Rede de Municípios Potencialmente Saudáveis.

Colaboradores

Dra. Ana Maria Girotti Sperandio, professora plena da Pós-Graduação da Faculdade de Engenharia Civil, Arquitetura e Urbanismo, e pesquisadora do laboratório de Investigações Urbanas da Unicamp (Prefácio).

Antonio Carlos Perencin, engenheiro agrônomo da Secretaria do Meio Ambiente da Prefeitura Municipal de Santa Bárbara d'Oeste (Propagação e Formação de Mudas; Preparo do Solo e Compostagem).

Dra. Maria Cláudia Blanco, engenheira agrônoma, extensionista rural e especialista em Plantas Medicinais, da Coordenadoria de Desenvolvimento Rural Sustentável, da Secretaria Estadual de Agricultura e Abastecimento (Controle Natural de Pragas e Doenças).

Dra. Michelle Pedroza Jorge, farmacêutica, doutora em Clínica Médica pela Unicamp (Supervisão Farmacológica).

Monica Tortelli, chefe de Divisão de Educação Ambiental do Departamento de Águas e Esgotos (DAE) da Prefeitura Municipal de Santa Bárbara d'Oeste (Colaboração Geral).

Walterly Moretti Accorsi, *in memoriam*, farmacêutica especializada em Fitomedicamentos. (Supervisão Farmacológica).

Agradecimentos: Ana Lúcia Luz, Claudio Carvalho da Silva, Cleber Luis Canteiro, Dalva Ferreira Neves, Daniel Salvaia Camilo, Dionéa Antonia Fronza, Ducelena T. Macedo Vieira, Dr. Edmilson Ignácio Rocha, Dra. Eloisa Pimentel, Dra. Hitomi Hayashida, Janete A. Azevedo, Kely Soares, Kênia Soares, Lúcia Elena Prando, Maria Aparecida Mariano, Maria José R. Trindade, Marilene S. Pimenta, Mauro Agnaldo da Silva, Patricia S. B. Queiroz, Paulo Bachin, Dr. Pedro Melillo de Magalhães, Rosivaldo Pereira dos Santos, Salvador M. Vieira, Saturnina Firmo de Macedo, Sílvia Casteletti, Tania Marco da Silva e Vanessa F. Vendemeato.

Estudantes da Escola Superior de Agricultura "Luiz de Queiroz" (ESALQ/USP): Alexandre Gibau de Lima, Ariane M. Caldeira, Bruna Caroline Juliani, Caio C. Siqueira, Carolina Kravetz, Daniel Salvaia Camilo, Elice N. Botelho, Emília E. Tanaka, Érica Donaire da Silva, Gabriela P. Botas, Guilherme Aleoni, Jacqueline Ma. Morales de Araújo, Jéssica Fernanda da Silva, Jorge Luiz C. Melli, Laura Brunhera Silva, Lucas A. Garcia, Lucas T. Moraes, Marcela Ricci, Marina C. Barbieri, Rodrigo Y. Yamamoto e Thamye G. V. Chaves.

Crédito

Fotografias: Dr. Lindolpho Capellari Jr. e Dra. Nair S. Nobuyasu Guimarães; foto de *Crocus sativus*: Danilo Salvini (Associazione Zafferano OLG, autorização de uso), Roberto Lazzarini (autor) e Dr. Gabriele Rinaldi (Diretor do Orto Botanico Lorenzo Rotta, Bérgamo, Itália, pelo contato e envio).

Ilustrações a Nanquim: Dra. Hitomi Hayashida, Juliana Nazzato Mondini, Maíra Gonzáles Mezzacappa, Dra. Nair Sizuka Nobuyasu Guimarães, Sarina Tsui e Dr. Lindolpho Capellari Jr. (supervisor).

Símbolos e Diagramação: Dr. Lindolpho Capellari Jr.

Revisão: Saulo de Assis Saes Neto.

Prefácio

Planejar uma cidade saudável faz parte de um contexto e uma estrutura de implantação, implementação, acompanhamento e avaliação que envolve três grandes frentes: *a vontade política, o desejo da comunidade e o envolvimento das universidades*. Estes elementos integram estratégias que dependem uma da outra e que devem ser reconhecidas e reestudadas em *redes* para que atuem no fortalecimento coletivo dos princípios que embasam uma cidade saudável (SPERANDIO, 2020).

Ações intersetoriais, a livre participação social, o processo de evolução das autonomias individuais e coletivas, respeito ao outro e ao ambiente (idem), descomplicação, delicadeza e desaceleração devem ser requisitos para uma cidade saudável.

Segundo De Leeuw (2017), cidades saudáveis são veículos essenciais para criar um novo humano, antropocêntrico e encantador. A comunidade, utilizando-se da criatividade, trabalha para a formação de instituições e regras de governança que beneficiem a saúde e o bem-estar equitativos de pessoas no novo *habitat* natural da humanidade: os moradores e *civitas*, a cidade e a pessoa (De LEEW, 2017).

O uso de plantas medicinais é uma tradição milenar e cultural, transferida de geração para geração. Além de estarem presentes em práticas de populações tradicionais, como caiçaras e indígenas, são utilizadas com fins curativos segundo Moreira *et al.* (2002).

A fitoterapia alcançou um espaço no Brasil por meio da atenção primária à saúde (BRASIL, 2012), que se relaciona a três vertentes fitoterápicas: popular, tradicional e científica ocidental. O modo popular refere-se ao uso doméstico e aos curadores populares das plantas medicinais; a tradicional se manifesta por meio dos conhecimentos repassados pelos antigos. A última vertente é baseada em evidências científicas de plantas medicinais (idem).

No contexto dos resultados vivos demonstrados por meio deste Livro, os princípios que nortearam as relações do cuidado foram a solidariedade, a reciprocidade, o respeito e a valorização mútua. Esta interação entre comunidade, equipe de educação e de saúde, planejamento urbano, agronomia e Universidades, dentre outros setores, pode ocorrer em encontros que visam compartilhar experiências percorrendo o desejo coletivo, por meio do esforço local para transformar a prática com as plantas medicinais, em letras para outros lerem e se inteirarem dos conhecimentos. O movimento em micro redes tem apresentado efeitos diferenciais ao longo do tempo, pois suas capilaridades provocam transformações sustentáveis politicamente nos territórios, conforme Sperandio (2020) e Brandão (2010).

> As pessoas podem aprender a fazer do seu município uma parte de si mesmas, uma vez que isso representa a extensão do seu bairro, assim como o bairro é a extensão de suas ruas e de suas casas e de seu próprio corpo. Sem desenvolver esse processo de identificação de pessoas com esses espaços, não há um município saudável (BRANDÃO, 2010, p.38).

Este livro enche-me de orgulho, pois é um dos exemplos dos resultados que decorrem do movimento da Rede de Municípios Potencialmente Saudáveis (RMPS), que conta com o apoio técnico do Laboratório de Investigações Urbanas da Faculdade de Engenharia Civil, Arquitetura e Urbanismo da Universidade de Campinas. A Cidade de Santa Bárbara D'Oeste participa desta iniciativa desde 2011, quando foram evidenciados os primeiros desfechos exitosos das hortas medicinais junto às comunidades.

Ademais, este trabalho mostra que é possível transformar as utopias em realidades, sonhos em outros sonhos, apontar que a valorização das culturas deve ser pauta dos governos e que as plantas medicinais reorganizam lugares nas cidades, conectam pessoas, trazem sabores e cheiros delicados, curam doenças e trazem saúde e, principalmente, a felicidade. A obra contribuirá para o antigo e novo entendimento da reverberação das culturas locais!

Profa. Dra. Ana Maria Girotti Sperandio
Laboratório de Investigações Urbanas
Faculdade de Engenharia Civil, Arquitetura e Urbanismo
Universidade Estadual de Campinas

autores, alguns colaboradores e alguns voluntários

Apresentação

Em 2009 surgiu a ideia de desenvolver um projeto de implantação de um horto comunitário de plantas medicinais no Cruzeiro do Sul, bairro do Município de Santa Bárbara d'Oeste, São Paulo, por uma série de razões sociais. As atividades práticas começaram em 2010.

Liderada pela médica Dra. Nair Sizuka Nobuyasu Guimarães, a equipe do projeto procurou o auxílio do professor de Botânica da ESALQ/USP (Escola Superior de Agricultura "Luiz de Queiroz", da Universidade de São Paulo), Dr. Lindolpho Capellari Jr., para a correta identificação das espécies medicinais mais importantes para os moradores do bairro e para ministrar algumas aulas sobre essa disciplina, incluindo herbários, nomes científicos e populares, além da importância de identificações precisas como o primeiro passo para a produção dessas plantas.

Também foi convidado um pesquisador do Cpqba/Unicamp (Centro Pluridisciplinar de Pesquisas Químicas, Biológicas e Agronômicas da Universidade Estadual de Campinas) para trazer à comunidade aulas de práticas adequadas para a uma produção mais alta e saudável de plantas medicinais, e demais profissionais que contribuíram com diferentes conhecimentos técnicos.

Além das aulas e dos trabalhos do horto, foram realizadas diversas reuniões não somente a fim de fornecer explicações técnicas da produção de alguns fitoterápicos (como gel de babosa), mas também para organizar o saber popular da comunidade e divulgar práticas corretas de colheita, secagem e armazenamento.

À medida que o horto era construído, a ideia de se fazer uma cartilha ou um pequeno guia sobre suas espécies medicinais, foi sendo amadurecida e culminou na decisão de se fazer um guia ricamente ilustrado com fotografias e desenhos a nanquim de 100 espécies recomendadas para o cultivo em hortos comunitários. Os desenhos foram feitos por voluntárias (duas médicas, duas biólogas e uma antropóloga), sem um rigor científico, mas com a preocupação de auxiliar no processo de identificação das espécies.

O guia foi elaborado respeitando o conhecimento popular e somando conhecimentos científicos através de encontros para troca de experiências envolvendo dezenas de pessoas em cursos, reuniões, rodas de conversa e oficinas práticas de preparo de plantas medicinais, de plantio e outras práticas agrícolas, como compostagem, e, evidentemente, muita pesquisa bibliográfica.

Os autores, a médica e o professor, auxiliado por estagiários (levantamentos florísticos e trabalho com Photoshop), ficaram responsáveis, respectivamente, pela elaboração de textos médico-farmacológicos e botânico-agronômicos. Tiveram auxílio de profissionais de outros órgãos de pesquisa e assistência técnica como da Rede de Municípios Potencialmente Saudáveis da Unicamp (Universidade de Campinas), Cpqba/Unicamp, Prefeitura de Santa Bárbara d'Oeste, antiga CATI (Coordenadoria de Assistência Técnica Integral) de Campinas, atualmente denominada CDRS (Coordenadoria de Desenvolvimento Rural Sustentável) e outros voluntários, com as mais diversas colaborações.

Sendo essa obra voltada ao público geral, procurou-se empregar uma linguagem acessível a todos, embora, em certos casos, como em descrições botânicas, esta tarefa seja mais desafiante, nos impondo algumas limitações. Esperamos que sua leitura e consulta sejam úteis e prazerosas.

produzindo os desenhos do guia

os autores em uma das reuniões com a comunidade

aula teórica de Botânica

aula prática de herborização

avaliação do terreno do Horto no Cruzeiro do Sul

aula prática no Horto no Cruzeiro do Sul

Sumário

Como Usar Este Guia

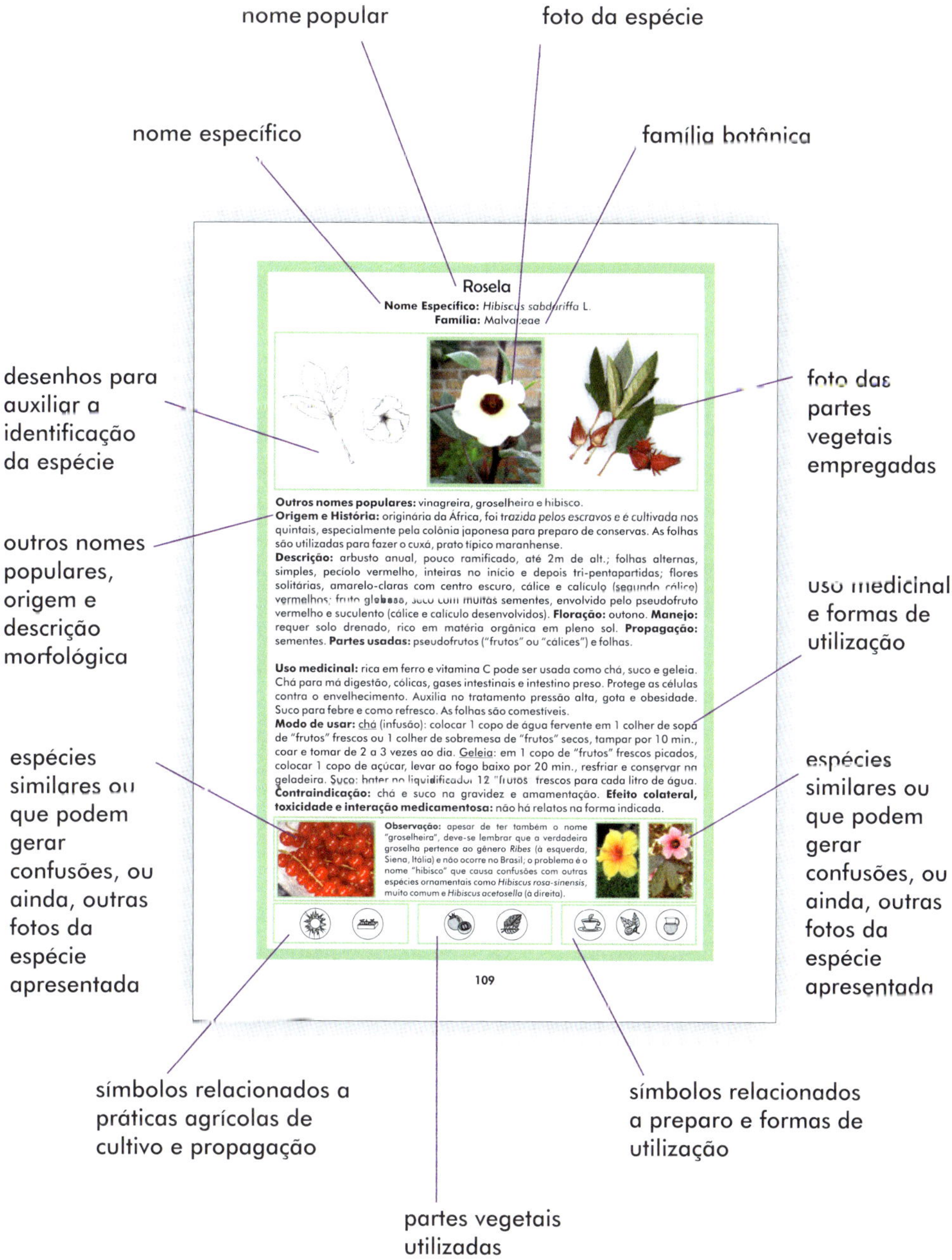

Cuidados e Recomendações do Guia

1 - Identificar corretamente a planta, se possível com a orientação de um botânico, ou adquiri-las por meio de um produtor ou vendedor, que tenham a colaboração deste profissional;

2 - O cultivo de plantas medicinais sem o conhecimento tradicional ou técnico na produção, colheita, secagem e armazenamento podem prejudicar a formação e a conservação de princípios ativos, podendo gerar materiais vegetais com eficácia reduzida ou ineficazes;

3 - O uso de plantas deve ser orientado por uma pessoa especializada;

4 - O acompanhamento de profissionais de saúde é fundamental para o diagnóstico da doença, sendo necessário em alguns casos a realização de exames;

5 - O guia reúne orientações de terapia através das plantas medicinais, mas não substitui nem dispensa a consulta ao profissional de saúde;

6 - As plantas medicinais são alternativas de tratamento ou podem complementar a terapia alopática (medicamento de farmácia);

7 - Algumas indicações são baseadas em uso tradicional e requerem mais estudos nos itens de eficácia e segurança;

8 - Certas formas de preparo tradicional não se enquadram nas definições clássicas da farmacologia. Assim, enquanto maceração é uma forma de extração de princípios ativos, no saber popular, macerado é usado para material vegetal, especialmente folhas, amassadas ou piladas;

9 - Plantas medicinais podem ser tóxicas, e até mesmo letais, se não utilizadas na dose e tempo de uso indicado;

10 - Deve-se estar atento a contraindicações, efeitos colaterais, interação com outras plantas ou medicamentos e toxicidade, que constam no guia. Em caso de reação indesejável o uso das plantas deve ser imediatamente suspenso;

11 - O uso de plantas medicinais por pessoas que estão em tratamento de doenças com medicamentos deve ser comunicado previamente ao seu médico;

12 - Além das preparações de plantas o guia reúne receitas de conservas, patês, geleias, sucos, saladas e vinhos medicinais para o aproveitamento integral de vitaminas, proteínas e sais minerais dos diversos órgãos vegetais. Todas essas receitas são destinadas ao consumo exclusivamente pessoal ou familiar.

Morfologia Vegetal

O Corpo Vegetal

Uma planta é constituída por: raízes, caule, folhas, flores e frutos. Algumas, como as samambaias, avencas e cavalinhas, nunca geram nem flores ou frutos. Outras, como os pinheiros, dão flores (muito rústicas), mas não frutos.

As plantas medicinais e aromáticas geralmente produzem flores e frutos. Algumas espécies que vieram de outros países às vezes não florescem aqui no Brasil, devido às diferenças de clima e luminosidade. A erva-cidreira (ou melissa) é um bom exemplo disso – no Brasil ela nunca floresce (salvo em regiões mais frias do Sul).

Para cada espécie de planta medicinal, um ou alguns órgãos podem ser utilizados (por exemplo, da goiabeira são usadas folhas novas e raspas de cascas do tronco). Da camomila-alemã e do jambu, as flores é que são usadas. No caso de espécies muito pequenas, como o quebra-pedra, a planta toda é utilizada. Na maioria das espécies, entretanto, o órgão mais utilizado é a folha. Todos os órgãos vegetais podem ser usados como medicamento, dependendo de cada espécie.

Para este guia, foram criados 9 símbolos para os órgãos vegetais empregados:

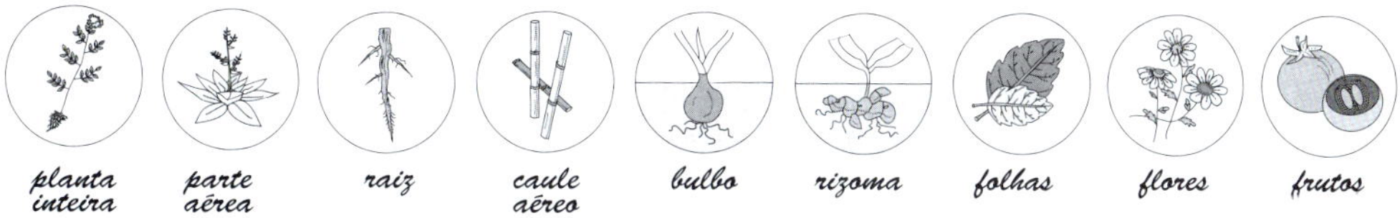

Raiz

Um sistema radicular, formado por um conjunto de raízes, fixa a planta ao solo e dali retira água e sais minerais. Algumas raízes podem também armazenar reservas para planta e neste caso são grossas e tenras (denominadas raízes tuberosas, como: cenoura, bardana e batata-doce). Além de serem alimentos, essas raízes podem ter propriedades medicinais e servir para a propagação (como o confrei e o guiné).

Caule

Formado por nós, entrenós e gemas, o caule é o órgão que une o sistema radicular às folhas; também é função do caule sustentar flores e frutos. Através de seus canais (xilema e floema), transporta seiva bruta (água e sais minerais) das raízes para o resto da planta, e seiva elaborada (açúcares produzidos através da fotossíntese) das folhas para os demais órgãos. Os caules podem ser aéreos (crescerem acima da superfície do solo), ou subterrâneos (crescem dentro do solo), sendo chamados, erroneamente de raízes nesse último caso. Caules como do gengibre e do açafrão-da-índia, são subterrâneos e denominados rizomas; caules como a cebola e o alho, são chamados de bulbos; já caules subterrâneos e que não têm uma forma muito definida são tubérculos, como a batata-inglesa.

Os caules das árvores são chamados de troncos, e muitas vezes o que se usa é o tecido que vem logo abaixo da casca – a entrecasca. Caules são muito importantes no manejo de plantas, pois através deles são realizadas várias formas de propagação, como estacas e enxertos.

Folhas

As folhas têm um papel muito importante, pois é através de seu metabolismo secundário que são produzidos os princípios ativos, cuja função é auxiliar na defesa das plantas contra as adversidades do meio-ambiente e acumulam-se nos diversos órgãos vegetais. Os homens usam esses compostos no combate de moléstias.

Sua classificação é muito complexa, pois envolve composição, forma, nervação, margem, ápice, base, indumento etc. Muitos são os tipos de apêndices e modificações foliares. Características foliares extremamente importantes no reconhecimento de espécies medicinais são composição e inserção.

Sobre a composição, a folha é simples, composta ou recomposta. Se simples, é recortada ou inteira. Cada recorte recebe um nome. As folhas das hortelãs são simples e inteiras; já as de arruda são simples e recortadas. Folhas de pau-d'arco e moranguinho são compostas. Já as de barbatimão, por outro lado, são recompostas. A composição segue o desenho da nervação; a folha de nim é composta-pinada (parecida com uma pena), e a do vitex é composta-palmada (como a palma de uma mão).

Outra característica importante é a inserção, que se refere ao estudo de quantas folhas se inserem em cada nó. Assim, se em um nó há apenas uma folha, a inserção é alterna; se existem duas folhas, a inserção é oposta; no caso de três ou mais, as folhas são verticiladas. Quando existe uma folha em cada nó e o caule é bem atrofiado, diz-se que a inserção é rosulada ou em roseta (semelhante à rosa), caso do dente-de-leão e tanchagem.

O aroma exalado de folhas amassadas entre os dedos pode nos ajudar a identificar uma espécie medicinal.

Vale a pena lembrar que algumas plantas não possuem folhas (como o mandacaru) ou essas são muito atrofiadas (como na cavalinha). Neste caso, o caule assume a função fotossintetizante. Folhas de espécies suculentas (bálsamo, por

exemplo) podem servir para a propagação através de estacas.

Flores

As flores são os órgãos responsáveis pela reprodução sexual das plantas. São coloridas, grandes e perfumadas se forem polinizadas por animais (borboletas, beija-flores, abelhas, morcegos etc.). Casos sejam polinizadas por vento, água ou por insetos que não voam (como as formigas), geralmente são pequenas e sem nenhum atrativo. Se a planta formar uma flor no final de um "cabinho", a flor é solitária, caso as flores nasçam agrupadas, seu conjunto é denominado inflorescência. Existem diversos tipos de inflorescência, mas há um em especial, que deve ser mencionado nesse trabalho: o capítulo, cujas inúmeras flores pequenas (às vezes com formas e cores diferentes) se agrupam sobre um pequeno disco, formando o que parece ser uma flor. Entre as medicinais que apresentam capítulo estão a camomila-alemã, o jambu e a calêndula (nesses casos, a inflorescência toda é usada como medicinal). Todas essas espécies pertencem à mesma família botânica, como poderá ser visto na descrição de cada espécie.

Fruto

Fruto, formado por pericarpo (fruto propriamente dito) e semente(s) é o órgão que se forma a partir do ovário da flor. Pode ser suculento ou seco e abrir ou não quando maduro, entre outras muitas diferenças. A variação entre os tipos de frutos é muito grande.

Deve-se ressaltar que fruto não é o mesmo que "fruta". Por exemplo: o abacaxi, a amora e o figo são frutas, porém para a Botânica recebem o nome de infrutescências, pois são formados por vários frutos soldados entre si. Também existem os falsos frutos (pseudofrutos), estruturas suculentas não formadas pelo ovário da flor, como: a maçã, o caju e a rosela que êm suas partes tenras formadas por pseudofrutos. Por outro lado, certos frutos como berinjela, jurubeba, tomate e pimentas não podem ser considerados frutas.

Frequentemente, um fruto pequeno e seco é, erroneamente, denominado semente (como no caso do funcho e do coentro).

Nomenclatura Botânica

Todas as plantas (animais, fungos e outros seres vivos) possuem um nome de espécie formado por duas palavras escritas em latim. A primeira palavra é o gênero ao qual a espécie pertence e a segunda é denominada epíteto específico ou designação específica. Se duas espécies diferentes pertencem ao mesmo gênero, então elas têm um parentesco genético muito forte. Os nomes de espécies (muitas vezes denominados "nomes científicos") são válidos em qualquer país, sendo escritos, portanto em latim e grafados em itálico, sublinhados ou em negrito.

O gengibre, por exemplo, tem muitos nomes populares de acordo com cada país: *ginger* (em inglês), *zenzero* (em italiano) e, *Ingwer* (em alemão), por xemplo, nomes de línguas diferentes, mas que também utilizam o nosso alfabeto. Em outros locais o gengibre torna-se 生薑 (em mandarim), ショウガ(em japonês), τζίντζερ (em grego) e assim por diante. Em linguagem científica (ou na Nomenclatura Botânica), o gengibre é conhecido como: *Zingiber officinale* Roscoe, sendo *Zingiber* o gênero; *officinale* a designação específica, *Zingiber officinale* a espécie e, finalmente, Roscoe indicando o nome do botânico que descreveu a espécie.

As espécies e gêneros estão agrupados em famílias. Desta forma, espécies de gêneros diferentes podem ou não estar na mesma família. A mangueira e o cajueiro são da mesma família: Anacardiaceae. Já a pata-de-vaca e o feijão são ambas da família Fabaceae (ou Leguminosae).

As espécies podem apresentar variedades, e o nome dado a elas é um pouco mais complicado. Existem ainda os híbridos e as variedades produzidas por melhoramento genético, que são denominadas "cultivares". Quando escolhemos o tipo de maçã (gala, fuji, argentina etc.), por exemplo, estamos escolhendo um cultivar. O cultivar é para as plantas o mesmo que a raça significa para os animais.

Híbridos e variedades são comuns entre hortelãs (como a hortelã-pimenta, que, sendo um híbrido, recebe em seu nome um "x" entre o gênero e a designação específica: <u>*Mentha*</u> x <u>*piperita*</u> L.), manjericões, alfavacas, manjeronas e oréganos.

A identificação correta de uma espécie é extremamente importante. Se for feita de forma errônea, a planta usada por engano, pode não trazer o benefício esperado ou, ainda pior, causar distúrbios, intoxicações e até mesmo a morte.

gengibre
<u>Zingiber</u> <u>officinale</u> Roscoe
Família Zingiberaceae

hortelã-pimenta
<u>Mentha</u> x <u>piperita</u> L.
Família Lamiaceae ou Labiatae

Saber Popular

A população residente e também aquela que frequenta o Bairro Cruzeiro do Sul é culturalmente muito rica devido à sua diversidade étnica. São descendentes de africanos, indígenas, europeus (sobretudo portugueses) e asiáticos, o que já configura um conhecimento cultural muito grande. Além dessa origem, a população teve uma contribuição cultural bastante significativa a partir da chegada de brasileiros vindos de outras regiões, sobretudo do Nordeste e do Norte.

Com o projeto de implantação de um horto comunitário de plantas medicinais e aromáticas no bairro, a interação cultural e a troca de informações foram se dando de uma maneira natural e todos os participantes saíram com um conhecimento maior e com métodos de preparo mais eficientes.

Esse "saber"popular deve ser respeitado, pois é a base indicativa para as pesquisas científicas. De certa forma todos possuem um conhecimento sobre o uso de plantas, mas algumas pessoas residentes ou ligadas ao bairro tiveram uma contribuição muito grande neste trabalho ao exporem seus conhecimentos.

Muitos colaboraram para a elaboração deste guia e certamente alguns se destacaram mais devido ao seu grande conhecimento sobre o uso de plantas no combate de doenças e moléstias. Assim, através de entrevistas, deram seus depoimentos ressaltando determinadas espécies que, segundo eles, eram as mais eficientes e/ou as mais procuradas. Foram selecionadas quatro pessoas como as mais representativas do bairro, em termos de uso de plantas medicinais.

Saturnina Firmo de Macedo (Dona Satu), com sua herança baiana, esta muito enriquecida pela contribuição dos africanos, pôde contribuir muito com esse trabalho, não só na forma de utilização, mas até de se perceber que existem variedades entre as espécies. Entre as muitas plantas por ela utilizadas, foi com especial carinho que ela nos falou sobre a rosa-menina:

"pega 3 rosinhas frescas, põe no copo; ferve a água, joga por cima e tampa; espera 15 minutos e bebe; é bom para limpar a pele e para inflamação do útero; bebe 2 vezes por dia (cedo e tarde) até sarar".

ou

"pega 3 rosinhas hoje, põe água e deixa quietinha; no outro dia, a água vai "tá" amarelinha; põe nas vistas e lava os olhos duas vezes ao dia para qualquer inflamação da vista; quando sarar não precisa mais".

rosa-menina

Dona Satu utiliza ou recomenda, constantemente, as seguintes plantas: cidreira-em-rama, capim-santo, ora-pro-nobis, cana-do-brejo, funcho, mentruz, boldo, graviola, sabugueiro, rosa-branca, tanchagem, sete-sangrias, alfavaca, mil--folhas, romã, pitanga, folha-da-fortuna, guiné e vique. Para cada planta, uma receita.

Em sua propriedade às margens do rio Piracicaba, na divisa dos municípios de Santa Bárbara d'Oeste e Piracicaba, Rosivaldo Pereira dos Santos (conhecido pelo apelido "Índio"), com sua ascendência indígena, não só cultiva muitas espécies como também faz extrações racionais de plantas das matas de sua propriedade.

Segundo ele, a pata-de-vaca para inchaço do corpo, contra gota e reumatismo traz excelentes resultados. Ele faz seu chá da seguinte maneira: "pega cinco folhas e um litro de água, toma três vezes ao dia (manhã, meio-dia e à tarde); também combate diabetes".

copaíba

Além dessa espécie, ele utiliza inúmeras outras de sua propriedade entre as quais: boldo-baiano, arruda, hortelã-da-folha-gorda, dente-de-leão, maria--pretinha, confrei, erva-de-bicho, tanchagem, cavalinha, sete-sangrias, erva-de--bicho e caçaú (cipó-mil-homens). Ele ainda aposta bastante na resina que extrai da copaíba, representada em sua propriedade por árvores enormes na beira do Rio Piracicaba.

Atualmente, ele faz plantio de erva-baleeira e extração de seu óleo, utilizando-o não apenas na comunidade local, como também vendendo o produtor e, assim, aumentando a renda familiar.

Um levantamento etnobotânico em sua propriedade já deu um grande resultado, apresentado em congressos nacionais e internacional (Chile) por alunos da Escola Superior de Agricultura "Luiz de Queiroz", da Universidade de São Paulo. Tal trabalho poderá render uma publicação na forma de livro ricamente ilustrado.

Apesar de morar em outro bairro Marilene Soares Pimenta (Dona Nem), auxilia muito o trabalho no Cruzeiro do Sul. Nascida no Espírito Santo, crescida em Minas Gerais e residente há anos em São Paulo, ela acumulou um conhecimento muito grande sobre plantas medicinais.

erva-de-santa-maria (acima) e bálsamo (abaixo)

Boa parte da área de sua propriedade é destinada ao cultivo de plantas aromáticas e medicinais. Ela emprega espécies, como: confrei, babosa, manjericão, poejo, hortelã-da-folha-gorda, agrião, tanchagem, melissa, alecrim, capim-limão, pata-de-vaca, yacon, cana-do-brejo, capim-pé-de-galinha e sabugueiro. Para adoçar alimentos utiliza cipó-doce, substituindo açúcar e adoçante.

Afirma que "bálsamo com erva-de-santa-maria é bom para dor no estômago, gastrite e úlcera"; ela macera as plantas, ferve um litro de água, coloca em uma jarra, abafa e deixa esfriar; "vai tomando ao longo do dia".

Paulo Bachin (Seu Paulo) é um grande entusiasta do bairro no que se refere ao cultivo e uso de plantas medicinais. Parte de seu conhecimento foi herdado de sua avó (Dona Rosa), parteira, que veio de Pádua (Itália). Sempre atento, ele nos fala sobre espécies que são usadas erroneamente, além de métodos de propagação e otimização no uso de plantas. Estuda as medicinais por conta própria e uma de suas prediletas é a panaceia; "ela é boa para todos os males do rim e bexiga, problema urinário".

panaceia

A panaceia era usada com sucesso por seus antepassados com ótimos resultados, especialmente para crianças que "perdiam" a urina à noite. Outras plantas que recomenda são: carqueja, alecrim, violeta, pata-de-vaca, boldo-baiano, cana-do-brejo, incenso, arnica e losna. Ativista da APASB (Associação Pró Ambiente de Santa Bárbara d'Oeste) há mais de 20 anos, desde criança se preocupou com a destruição progressiva da Mata Atlântica que deixava animais sem abrigo e alimentos. Isso o levou a compor uma música sobre o tema, que canta alegremente acompanhado de seu triângulo em reuniões da comunidade e políticas, conscientizando a população.

Princípios Ativos

Considerações Gerais

Os princípios ativos são substâncias produzidas pelas plantas, principalmente através do metabolismo secundário, e utilizadas pelo ser humano em razão de suas propriedades medicinais. As plantas elaboram esses compostos para sobreviver e adaptar-se ao meio ambiente.

Como defesa ao ataque de fungos, vírus, bactérias, vermes, insetos e grandes herbívoros (aves, cabras, cavalos e bois), as plantas produzem substâncias químicas nocivas a esses agentes, de difícil digestão ou de gosto desagradável. Utilizam defesas mecânicas como espinhos, folhas cortantes com sílica ou ricas em ligninas que endurecem sua textura. Outras produzem óleos, armazenados em tricomas ("pelos") glandulares ou glândulas epidérmicas ou dispersos nos tecidos vegetais, principalmente de folhas e caules, local de primeiro contato de predadores e agentes infecciosos com a planta.

Para perpetuar as espécies e atrair polinizadores, as plantas produzem substâncias coloridas em suas flores: os flavonoides (entre o quais as antocianinas) e carotenoides. Os beija-flores são atraídos especialmente pelo vermelho, as abelhas e as borboletas por cores vivas e as mariposas pelo branco e cores pálidas. Existem, entretanto, outros agentes polinizadores, como besouros, moscas, morcegos etc.

Em doses adequadas, todas estas substâncias constituem medicamentos capazes de promover a cura e prevenção de doenças.

Diversos princípios ativos presentes numa única planta constituem um fito complexo que age de forma sinérgica, com ação superior ao uso de substâncias de forma isolada.

A sua produção depende de vários fatores, entre os quais: local do cultivo, temperatura, altitude, quantidade de chuva, radiação do sol, nutrição e idade da planta, horário e época da colheita, presença de insetos e microrganismos no ambiente.

Principais Grupos

Ácidos orgânicos: ácido ascórbico (vitamina C), ácido acetilsalicílico, entre outros. São antioxidantes e regeneradores de tecidos;

Taninos: causam a sensação de "amarrar" a boca (são adstringentes), são germicidas e precipitam proteínas formando compostos insolúveis. São encontrados na casca e raiz de barbatimão e goiabeira, e também em frutos imaturos, como caju e caqui;

Óleos essenciais: são responsáveis pelo cheiro (aroma) característico de cada planta, protegendo-a do ataque de bactérias e fungos, bem como atraindo ou repelindo insetos. Folhas de hortelã, capim-santo, alfazema e arruda, são bons exemplos de vegetais com óleos essenciais;

Princípios amargos: estimulam as secreções de bílis e suco gástrico que atuam na digestão. O boldo-peludo e o dente-de-leão produzem esses princípios;

Saponinas: modificam a tensão superficial da água e produzem espuma. São encontradas na fáfia e no confrei e possuem ação expectorante, diurética, anti-inflamatória e antiedematosa;

Gomas e mucilagens: responsáveis pela reserva de água das plantas são formadas por açúcares e ácidos, e encontradas na babosa e na tanchagem. São emolientes, protetoras de mucosas, laxativas suaves, anti-inflamatórias e sedativas da tosse;

Alcaloides: protegem a planta contra o ataque de insetos e outros animais, e podem ser tóxicos. Apresentam muita variação podendo tanto estimular como deprimir diversas funções do organismo. Esses compostos são encontrados, por exemplo, em café, cacau, papoula-do-sono e quina.

Flavonoides: conferem proteção contra raios ultravioleta, insetos, fungos, vírus e bactérias, e podem atrair polinizadores e dispersores, pois dão origem a cores em flores e frutos. São subdivididos em classes: flavonas, flavononas, isoflavonas, flavonóis e antocianinas, cujas principais ações são antioxidante, anti-inflamatória e proteção dos vasos sanguíneos. Maracujá-azedo, camomila-alemã, uva e soja são bons exemplos de plantas com flavonoides;

Vitaminas: são importantes no funcionamento do metabolismo e da imunidade, atuando também na formação de tecidos e células. Estão presentes em frutos e verduras;

Sais minerais: presentes em todos os vegetais, atuam na formação e funcionamento de ossos, dentes, músculos e sangue, além de regularem a pressão arterial e atuarem nos impulsos nervosos e na prevenção de doenças.

Preparo e Formas de Utilização

Cuidados no Preparo

1 - Escolher a parte correta da planta, de acordo com o que se quer tratar. Raízes, caules, folhas, flores e frutos podem ter princípios ativos diferentes e concentrações variadas; há casos em que se utiliza a planta inteira;

2- Horário, época da colheita e idade da planta são importantes para se obter maior concentração de princípios ativos. Colher, em geral, após 3 dias de sol, sem chuva e no período entre 9 e 11 horas;

3- Escolher plantas sadias, sem manchas e sem insetos. Não colher plantas de beira de estradas e ruas, próximas de esgotos, córregos, criação de animais e lavouras que usam defensivos agrícolas ("agrotóxicos"). Não comprar plantas sem conhecimento do local de produção, sem data de validade e sem proteção ao sol e umidade;

4 - Lavar as mãos, prender os cabelos e preparar as plantas em locais limpos, livres de poeiras, sobras de alimentos e sem acesso de animais e insetos;

5 - Lavar as plantas em água corrente para uso imediato. Raízes e rizomas devem ser escovados ou limpos com jatos de água, e não deixados de molho;

6 - Panelas e canecas para fervura, decocção ou cozimento devem ser, se possível, de inox, porcelana, esmaltadas, vidro ou cerâmica; caso não seja possível, recomenda-se para preparar uma infusão, ferver a água em qualquer vasilha e despejá-la sobre a planta em xícaras de cerâmica ou copos de vidro.

Medidas Utilizadas

medida	volume
copo americano	150 ml
xícara de chá	150 ml
xícara de café	50 ml
colher de café	2,5 ml
colher de chá	5 ml
colher de sobremesa	10 ml
colher de sopa	15 ml

Modo de Preparo e Utilizações

Chá por Infusão: extrato aquoso indicado para folhas e flores com substâncias voláteis, que perdem seu efeito quando fervidas ou cozidas. O produto é o infuso.

Preparo de 1 dose: aquecer 1 copo americano até formar bolhinhas de ar e desligar o fogo. Colocar a dose da planta bem picada, tampar, deixar em descanso por 5 a 10 minutos e coar. O ideal é preparar 1 dose de cada vez para uso imediato. Não sendo possível, preparar o chá de manhã e tomar até à noite.

Preparo para o dia inteiro em caso de 3 doses: aquecer 3 copos de água até surgirem as primeiras bolhas. Desligar o fogo e colocar 3 doses da planta triturada. Tampar e descansar por 5 a 10 minutos e coar. Validade: consumir no dia do preparo.

Para gargarejo, banhos e lavar ferimentos em geral, é preparado um infuso mais forte, colocando-se de 2 a 4 vezes a dose indicada para o chá.

Chá por Decocção: indicado para fervura de partes duras como casca, entrecasca, caules, sementes, raízes e rizomas com princípios ativos que não sejam voláteis e não sofram pela ação do calor. O produto final se chama decocto.

Preparo de 1 dose: colocar a parte da planta bem picada ou triturada em 150 ml água fria (1 copo americano até à risca ou 1 xícara de chá) e levar ao fogo. Ferver de 3 a 5 minutos em fogo baixo e com o recipiente tampado. Coar e tomar em seguida.

Preparo para o dia inteiro em caso de 3 doses ao dia: colocar 3 doses da planta em 3 copos de água e ferver por 3 a 5 minutos em fogo baixo. Coar. em seguida. Validade: consumir no dia de preparo.

Maceração: indicada para plantas cujos princípios ativos são inativados pelo calor. Consiste em deixar a planta rasurada ou "machucada" no meio extrator na temperatura ambiente por tempo variável. O produto final se chama macerado.

1 - com água: são utilizadas folhas, flores e partes novas, que são picadas, amassadas e deixadas por 10 a 12 horas em água fria. No caso de raízes, cascas e caules picar em pedaços pequenos ou triturar, deixar em água fria por 1 dia. Coar e tomar em seguida. Validade 1 dia.

2 - com óleo: são utilizadas plantas aromáticas, ricas em óleo essencial.

a - preparo a frio: colocar a planta picada em um frasco e colocar o óleo até cobrir. Deixar macerando por 3 semanas em local escuro.

b - preparo a calor: colocar a planta seca triturada e cobrir com óleo de girassol. Aquecer em banho maria, tampado, por 3 horas. Coar e guardar em frasco escuro, limpo e fervido com validade de 6 meses.

3 - com vinho: utilizar vinho branco ou tinto seco, de boa qualidade, sem açúcar e com teor alcoólico em torno de 11 graus. Colocar 8 colheres de sopa cheias de planta fresca ou 4 colheres de planta seca triturada, em frascos de vidro de 1 litro. Adicionar 750 ml de vinho. Fechar e deixar em maceração por 10 dias em local escuro. Coar e devolver o conteúdo ao frasco de vinho. Validade de 6 meses.

4 - com cachaça ou rum (garrafada): lavar a planta, secar com um pano, picar e colocar em um vidro limpo. Em média, acrescentar 200 g de planta para 1 litro da bebida e tampar bem. Manter em local escuro por 10 a 15 dias. Na medida popular, equivale a colocar 1 maço para 1 litro. Coar e guardar em vidro escuro com validade de 6 meses. A garrafada, em geral, é indicada para aplicações externas em massagens. Para preparo com vinho e cachaça, a quantidade de planta é variável.

Suco: é obtido pela extração da parte líquida de plantas frescas (frutos, "talos", folhas ou plantas inteiras). Lavar e picar as plantas, acrescentar o líquido indicado e bater em liquidificador. Coar, se necessário, e tomar em seguida para evitar a perda das vitaminas.

Xarope Caseiro: é preparado à base de açúcar ou rapadura. Colocar em uma panela 1 copo de água e 1 copo de açúcar e ferver até formar uma calda fina.

Colocar a planta bem picada, misturar, tampar e desligar o fogo. Descansar por meia hora, coar e utilizar conforme indicação. Com rapadura: cortar 1 copo da rapadura em pedacinhos, acrescentar meio copo de água e levar ao fogo até ferver. Em seguida colocar as plantas picadas, misturar e desligar o fogo. Coar após esfriar. O xarope pode ser preparado também a partir de tinturas, chás e com mel em substituição ao açúcar. Guardar em frasco limpo e fervido na geladeira, com o nome do xarope e data de validade de 10 dias.

Tintura (10%): solução preparada a partir de planta seca em álcool de cereais. Em geral, colocar 100 g de planta seca triturada para 1 litro de solução hidroalcoólica a 70%. Deixar em maceração por 20 dias e agitar o vidro 1 vez ao dia, nos primeiros 10 dias. Coar com filtro de papel. Validade de 2 anos.

componente	**quantidade**
álcool de cereais a 70%	1000 ml
planta seca triturada	100 g

Alcoolatura: solução preparada de plantas frescas picadas na proporção de 200 g para 1 litro de solução hidroalcoólica a 80%. Deve ser mantida em maceração por 20 dias. Agitar 1 vez ao dia nos primeiros 10 dias. Filtrar e ajustar o teor alcoólico para 70%. Validade: 2 anos.

componente	**quantidade**
álcool de cereais a 80%	1000 ml
planta fresca picada	200g

Como preparar 1 litro de solução hidroalcoólica a 80%?

No exemplo a seguir, está sendo utilizada água destilada estéril e álcool de cereais a 92,8° para o preparo de 1000 ml de solução hidroalcoólica a 80%.

Concentração desejada (80%) x volume desejado (1000 ml) dividido pela concentração do álcool de cereais (92,8°)

$$\frac{80 \times 1000}{92,8} = 862,07$$

Cálculo de água destilada: 1000 ml – 862,07 ml = 137,93 ml

Cataplasmas: são aplicações de plantas frescas e socadas até formar uma pasta que é colocada entre 2 panos limpos ou gaze e aplicadas sobre a pele e fixadas com faixas ou ataduras. Deixar por 20 minutos, de 2 a 3 vezes ao dia. Os cataplasmas também podem ser preparados com incorporação da planta triturada a um espessante (farinha de mandioca, farinha de trigo ou fubá com azeite). A planta fresca pode ser substituída por chás, tinturas, extratos e óleos essenciais. Podem ser quentes ou frias. Preparar na hora da aplicação.

Compressas: consiste em embeber um pano ou gaze em soluções obtidas por infusão ou decocção da planta; torcer levemente e aplicar sobre a área afetada. As compressas frias são aplicadas em contusões, torções, luxações, hematomas e arranhões de pele. Utilizar compressas mornas quando há necessidade de absorção através da pele como dores de artrite, tendinite e cólica menstrual. Compressas quentes: para drenar abcesso e relaxar a musculatura. Durante meia hora trocar o pano a cada 5 minutos. Fazer isso 2 a 3 vezes ao dia. Cobrir a compressa quente com outro pano para manter a temperatura.

Banhos: são de imersão total ou parcial do corpo, feitos de soluções obtidas por decocção ou infusão. Coloca-se cerca de 30 a 60 g (meio maço) da planta por litro. Preparar o necessário para cobrir a área a ser banhada e permanecer por 20 minutos, 2 vezes ao dia. O banho deve ser morno caso o objetivo seja relaxar a musculatura, irritações e inflamações da pele. Para contração dos vasos, o banho deve ser frio. Caso o objetivo seja aquecer pés e mãos frias, estimulando a circulação sanguínea, então o banho deve ser quente.

Bochechos e Gargarejos: consiste em movimentar a solução entre a boca e garganta sem engolir. As soluções mais concentradas preparadas por infusão ou decocção são utilizadas em casos de inflamação e infecção da boca, garganta e gengivas.

Pomada Artesanal: preparo a partir de vaselina sólida ou gordura animal, na qual é incorporada a planta lavada, secada e picada. Levar ao banho maria por 20 minutos. Coar e colocar em frasco de boca larga. A pomada pode ser feita com uma tintura. Neste caso aquecer primeiro, retirar do fogo e acrescentar a tintura.

Para este guia foram criados 12 símbolos que representam as diferentes formas de preparo:

chás (infuso e decocto)

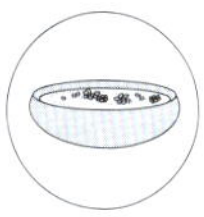
macerado

suco

xarope

tintura e alcoolatura

garrafada ou vinho

cataplasma

compressa

banho

pomada, creme e gel

alimento, geléia e outros

óleo medicinal

Abacateiro

Nome Específico: *Persea americana* Mill.
Família: Lauraceae

Outros nomes populares: pé-de-abacate.
Origem e História: nativo da América Central, cujo fruto é apreciado como "fruta" ou em salada (povos latinos e norte-americanos); os brasileiros apreciam a polpa da fruta, muito nutritiva, com açúcar, leite ou limão.
Descrição: árvore de copa arredondada, de até 12m se enxertada (12 -25m em pés francos, isto é, sem enxertia), caducifólia; folhas alternas, simples, inteiras, elípticas; flores pequenas, verde-amareladas, reunidas em cachos; frutos com polpa carnosa, comestível e semente grande. **Floração:** agosto-setembro. **Manejo:** prefere solo permeável e adubado e necessita poda de condução. **Propagação:** sementes e enxertia. **Partes usadas:** folhas, caroço (semente) e polpa do fruto (mesocarpo).

Uso medicinal: chá de folhas secas para pressão alta, inflamação das vias urinárias, inchaço, pedra nos rins e gota. A polpa previne doenças cardiovasculares, artrites e tensão menstrual, alivia o intestino preso e gases; no couro cabeludo reduz descamação em psoríase; mastigar folhas novas é indicado para combater aftas.
Modo de usar: chá (infusão): colocar 1 copo de água fervente em 1 colher de sopa de folhas secas picadas, tampar por 5 min., coar e tomar 1 copo de 3 a 6 vezes ao dia. Garrafada: de semente ralada, anti-inflamatória, para massagem em áreas doloridas. Culinária: guacamole: amassar a polpa com limão, sal, tomate e ervas. **Contraindicação:** gravidez, amamentação e crianças. **Efeito colateral e toxicidade:** chá de folhas frescas pode causar palpitações cardíacas. Não consumir por mais de 30 dias seguidos, fazer intervalo de 1 semana. **Interação medicamentosa:** antidepressivo e anticoagulante.

Observação: o abacateiro é uma frutífera inconfundível e apesar de possuir 3 grupos, no Brasil é cultivado só o grupo "comum" ou "manteiga", com suas variedades: Breda, Fortuna, Geada, Margarida e Quintal; há ainda, em mercados, o "avocado", de frutos menores.

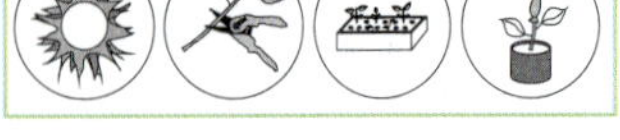

Açafrão-da-índia

Nome Específico: *Curcuma longa* L.
Família: Zingiberaceae

Outros nomes populares: açafroa, açafrão-da-terra e cúrcuma.
Origem e História: originário do sudeste asiático, onde seu uso é milenar na medicina tradicional; no Brasil, os rizomas são utilizados como tempero.
Descrição: erva perene, rizomatosa, rizoma amarelo-alaranjado e aromático quando cortado, caducifólia, com até 1m alt.; folhas grandes, lanceoladas; flores amarelas, pequenas, dispostas em espigas, brácteas apicais brancas; fruto cápsula, raro no Brasil. **Floração:** março-abril. **Manejo:** requer solos úmidos, soltos e bem drenados; rizomas arrebentam canteiros se não podados. **Propagação:** estaquia de rizomas. **Partes usadas:** rizomas ("raízes") colhidos quando as folhas secarem.

Uso medicinal: chá ou alcoolatura do rizoma diminui LDL-colesterol, triglicérides e a glicemia no diabetes melito tipo 2. Alivia dores de artrites e artrite reumatoide. Estimula a produção e excreção da bile. Atua na gastrite, má digestão, gases, cólicas intestinais, inflamação do cólon (intestino) e hepatite. Reduz as alergias respiratórias e da pele. Efeito neuroprotetor em Alzheimer; previne câncer.
Modo de usar: chá (decocção) de rizoma fresco fatiado (1 colher de sobremesa) ou seco e triturado (1 colher de chá): ferver 1 copo de água, adicionar o rizoma e ferver 5 min.; rizoma em pó: colocar ½ colher de café e ferver por 3 min. Tomar 3 vezes ao dia, após as refeições em males digestivos. Alcoolatura: 1 a 3 gotas/kg de peso dividido em 3 vezes, com ½ copo de água. **Contraindicação:** gravidez, menores de 4 anos e obstrução biliar. **Efeito colateral e toxicidade:** fotossensibilização e gastrite (uso prolongado). Uso contínuo por 6 meses. Intervalo de 15 dias. **Interação medicamentosa:** anticoagulantes e anti-inflamatórios.

Observação: não deve ser confundido com o verdadeiro açafrão, estiletes florais de *Crocus sativus*, da família Iridaceae, caríssimo e não cultivado no Brasil (à esquerda, Itália e Tunísia) e nem com a zedoária (*Curcuma zedoaria*), que tem folhas com nervura central roxa, brácteas ("flores") rosas e rizoma azulado quando cortado.

 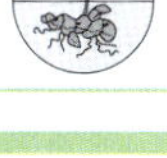 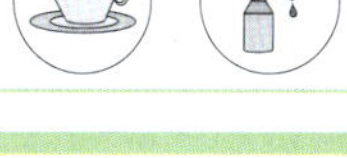

Alecrim

Nome Específico: *Salvia rosmarinus* Schleid.
Família: Lamiaceae (= Labiatae)

Outros nomes populares: rosmarinho, rosmarino e erva-da-graça.
Origem e História: nativo do Mediterrâneo é cultivado em todo mundo; planta consagrada à Virgem Maria que a teria escolhido para estender roupas lavadas do menino Jesus, durante a fuga para o Egito; desde, então, o alecrim teria adquirido um perfume de santidade e suas flores se tornariam azuis (cor do manto dela).
Descrição: arbusto lenhoso, ereto, muito ramificado, de até 1,5m; folhas lineares, coriáceas, muito aromáticas, brancas na face de baixo (abaxial); flores azuis-claras, bilabiadas, em cachos curtos; fruto seco, com 4 sementes, envolto pelo cálice seco. **Floração:** julho-março. **Manejo:** prefere solos secos e bem drenados, clima quente e pleno sol. **Propagação:** estaquia de ramos ou sementes. **Partes usadas:** folhas.

Uso medicinal: chá é tônico para cansaço, memória e circulação sanguínea. Uso em ressaca, depressão leve, enxaqueca e pressão baixa. Atua como digestivo, ameniza cólicas e gases intestinais e síndrome metabólica. Compressas e banhos em contusões, dores reumáticas, feridas, queda de cabelos, caspas e seborreia.
Modo de usar: chá (infusão): colocar 1 copo de água fervente em 1 colher de sobremesa de folhas frescas picadas, tampar por 5 min. e tomar 2 a 3 vezes ao dia após as refeições. Compressas e banhos: colocar 1 copo de água fervente em 1/2 copo de folhas frescas picadas, tampar, coar e aplicar nas lesões e áreas afetadas.
Contraindicação: gravidez, amamentação, criança e convulsivos. **Efeito colateral e toxicidade:** não tomar à noite, pois pode causar insônia; não usar por mais de 60 dias. Raros casos de fotossensibilização e irritação da pele.

Observação: o alecrim não apresenta problemas de identificação; na região mediterrânea existem inúmeras variedades, mas no Brasil isso não ocorre e aqui o florescimento e a frutificação não são tão exuberantes como nas fotos; à esquerda floração na Europa (Bérgamo, Itália) e à direita, frutificação no Oriente Médio (Jerash, Jordânia).

Alfavaca

Nome Específico: *Ocimum basilicum* L.
Família: Lamiaceae (= Labiatae)

Outros nomes populares: alfavaca-cheirosa e basílico.
Origem e História: nativa da Ásia tropical foi introduzida no Brasil pela colônia italiana para uso condimentar e medicinal; é uma das plantas mais utilizadas como tempero de carne pelos brasileiros.
Descrição: erva ereta, muito ramificada, com até 80cm e aromática; folhas simples, elípticas a ovaladas, denteadas com nervuras salientes; flores brancas, bilabiadas, em densas inflorescências; fruto seco, envolvido pelo cálice seco, com 4 sementes.
Floração: primavera-verão. **Manejo:** prefere clima quente e úmido, solos férteis, sem encharcamento e não tolera baixas temperaturas; hastes florais devem ser removidas jovens. **Propagação:** sementes e estaquia de ramos (jovens). **Partes usadas:** folhas.

Uso medicinal: chá de folhas como digestivo, no caso de cólicas e gases intestinais. Útil ainda para dores de cabeça de origem digestiva e estimulante da lactação; compressas e banhos são úteis para tratar feridas e rachaduras do bico do peito.
Modo de usar: chá (infusão): colocar 1 copo de água fervente em 2 colheres de sopa de folhas frescas picadas, tampar por 5 min., coar e tomar 2 a 3 xícaras ao dia. Compressas e banhos: colocar 1 copo de folhas picadas em 2 copos de água fervente, tampar por 10 min., coar e aplicar 3 vezes ao dia. Culinária: folhas frescas em omeletes e molhos; patê com 1 maço, 1/2 copo de azeite, 1 colher de sopa de parmesão, 2 castanhas-do-pará ou amendoim torrado. **Contraindicação:** chá: gravidez, amamentação e crianças menores de 2 anos. **Efeito colateral e toxicidade:** fotossensibilização. Evitar uso por mais de 60 dias seguidos.

Observação: as alfavacas pertencem às espécies diferentes do gênero *Ocimum*, com inúmeras espécies, variedades e híbridos; a alfavaca-anisada (*Ocimum selloi*, à esquerda) possui odor de erva-doce; os manjericões também são do mesmo grupo botânico das alfavacas, como *Ocimum basilicum* var. *minima*, à direita.

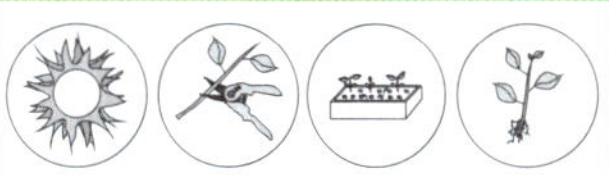

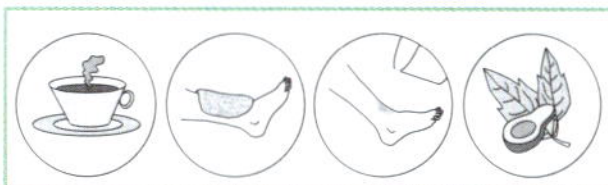

Alfavaca-cravo

Nome Específico: *Ocimum gratissimum* L.
Família: Lamiaceae (= Labiatae)

Outros nomes populares: alfavacão e alfavaca-de-vaqueiro.
Origem e História: originária da África (incluindo Madagascar) e sudeste asiático desenvolveu-se bem em todo o Brasil; devido ao aroma semelhante ao do cravo-da--índia suas folhas servem para tempero.
Descrição: subarbusto aromático, ereto e muito ramificado, de até 1m, caule quadrangular; folhas simples, ovais, lanceoladas e denteadas; flores pequenas, branco-esverdeadas a arroxeadas, em inflorescências densas; frutos secos com 4 sementes cada, envolvido pelo cálice seco. **Floração:** primavera-verão. **Manejo:** prefere regiões de clima quente; adapta-se bem aos solos férteis, ricos em matéria orgânica com boa drenagem. **Propagação:** sementes e estaquia (ramos jovens). **Partes usadas:** folhas e flores.

Uso medicinal: chá ou xarope de folhas e flores para tosse, bronquite, gripes e resfriados; chá para cólicas, gases, diarreia, febre e dor.
Modo de usar: chá (infusão): colocar 1 copo de água fervente em 1 colher de sopa de folhas e flores picadas, tampar por 5 min., coar e tomar 3 vezes ao dia. Xarope: fazer uma calda fina com 1 copo de água e 1 copo de açúcar, colocar 30 folhas picadas, misturar, tampar, desligar o fogo, deixar em repouso por meia hora, coar e tomar 3 vezes ao dia: Adultos: tomar 1 colher de sopa; crianças de 2 a 5 anos - 1 colher de chá; crianças de 6 a 12 anos: 1 colher de sobremesa. Culinária: usada como tempero. **Contraindicação:** gravidez. **Efeito colateral e toxicidade:** sem relatos na dose indicada. **Interação medicamentosa:** potencializa hipoglicemiante (remédio para diabetes).

Observação: devido ao grande porte, essa espécie, não apresenta confusões quanto à sua identificação, entretanto, considerando que as outras alfavacas (alfavaca comum: *Ocimum basilicum*, à esquerda e alfavaca-anisada: *Ocimum selloi*, à direita) apresentam variedades e híbridos, pode haver variação em seu odor.

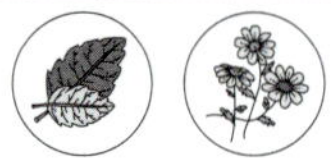

Alho

Nome Específico: *Allium sativum* L.
Família: Amaryllidaceae

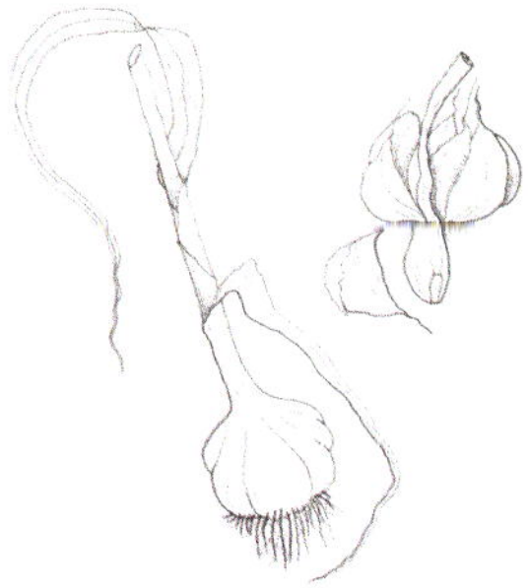

Outros nomes populares: alho-comum, alho-manso e alho-ordinário.
Origem e História: originário da Europa e Oriente Médio, é usado como medicinal e condimentar há milênios; acredita-se que afasta energia ruim e "vampiros".
Descrição: erva bulbosa, bulbo composto, formado por 8-12 bulbilhos ("dentes"), haste floral até 70cm, aroma forte e característico; folhas lineares, longas e curvadas; flores brancas, em inflorescência do tipo umbela; fruto cápsula com 6 sementes. **Floração:** não floresce no Brasil. **Manejo:** plantam-se os "dentes" em solos sem torrões e ricos em matéria-orgânica, a pleno sol; não tolera temperaturas muito baixas. **Propagação:** bulbilhos. **Partes usadas:** bulbilhos ("dentes").

Uso medicinal: chá para gripe, resfriado, bronquite e tosse; cru para pressão alta e diabetes melito tipo 2. Evita a formação de trombos e placas nos vasos. Diminui o colesterol LDL (ruim) e aumenta o HDL (bom); melhora a imunidade e previne tumores; suco com hortelã para disenteria, ascaridíase (lombrigas), oxiuríase e giardíase.
Modo de usar: chá (infusão): colocar 1 copo de água fervente em 2 "dentes" de alho pilados, tampar por 10 min., coar, misturar 1 colher de sopa de mel e tomar 2 vezes ao dia. Suco: bater no liquidificador 1 xícara de café de água, 1"dente" de alho, 3 folhas de hortelã e 1 colher de mel, coar, tomar em jejum e à noite: Adulto - 1 colher de sopa e crianças de 7 - 12 anos, 1 colher de sobremesa. **Contraindicação:** chá na gravidez e amamentação. **Efeito colateral e toxicidade:** dose alta pode irritar o estômago e exalar odor na transpiração. **Interação medicamentosa:** varfarina, paracetamol, saquinavir e clorpropamida.

Observação: o alho não apresenta problemas quanto à sua identificação e, geralmente, é comprado em feiras e mercados; nas hortas pode aparecer o alho-bravo (*Nothoscordum fragans*), um "mato" de difícil erradicação, à esquerda, ou ser cultivado o nirá (*Allium tuberosum*), apreciado pelos orientais e seus descendentes, à direita.

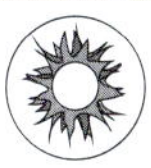
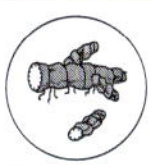
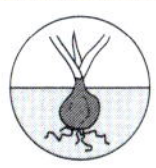

Amoreira

Nome Específico: *Morus nigra* L.
Família: Moraceae

Outros nomes populares: pé-de-amora e amoreira-preta.
Origem e História: originária da China foi disseminada por todo o Brasil como árvore frutífera; as folhas são alimento para o bicho-da-seda, pois além de nutritivas, o seu látex ("leite") dá resistência ao fio de seda.
Descrição: árvore de até 12m de alt., plantas femininas e masculinas (dióicas); folhas alternas simples, elípticas, inteiras a lobadas, denteadas; flores reduzidas, verdes, em pequenos cachos ou espigas; frutos suculentos, roxo escuros, unidos entre si, agridoces. **Floração:** primavera-verão. **Manejo:** adapta-se bem em diferentes tipos de solo; poda de condução na fase de crescimento. **Propagação:** estaquia (de plantas femininas). **Partes usadas:** folhas e "frutos" (infrutescências).

Uso medicinal: chá de folhas para ondas de calor do climatério (''menopausa''), diarreia, pedra nos rins e pressão alta. Atua na inflamação da garganta e boca. O fruto (infrutescência) aumenta a imunidade e alivia intestino preso. Banhos das folhas em feridas e inflamação da pele.
Modo de usar: chá (infusão): colocar 1 copo de água fervente em 1 colher de sopa de folhas picadas (2 a 3 folhas), tampar por 5 min., coar e tomar 1 copo, 3 vezes ao dia. O chá utilizado em gargarejo e bochecho atua contra inflamação da boca, garganta e língua, e os banhos aliviam coceiras e inflamação da pele. Culinária: suco de frutos consumido como refresco ou sorvete; frutos *in natura* ou em geleias.
Contraindicação: uso das folhas nas grávidas e crianças. **Efeito colateral e Toxicidade:** diarreia no caso de ingestão de grande quantidade do fruto. **Interação medicamentosa:** não há relatos na dose recomendada.

Observação: a amoreira-branca (*Morus alba*, à esquerda, Pamukkale, Turquia), rara no Brasil, também é cultivada como alimento do bicho-da-seda e tem mesmo uso da amoreira-preta; as amoras-selvagens são, na verdade, framboesas (várias espécies de *Rubus*, da família Rosaceae, como *Rubus brasiliensis*, à esquerda).

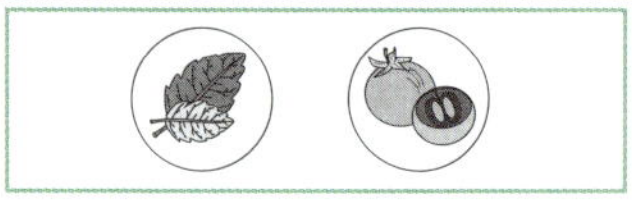

Anil-trepador

Nome Específico: *Cissus verticillata* (L.) Nicolson & C.E. Jarvis
Família: Vitaceae

Outros nomes populares: cipó-pucá, cortina-de-pobre e insulina-vegetal.
Origem e História: nativo da Amazônia e Centro-sul é amplamente cultivado como cerca viva devido à folhagem densa e verde escura brilhante, desde que esteja sobre um bom suporte (alambrado, pérgola etc.).
Descrição: trepadeira herbácea, perene, vigorosa, com gavinhas e longas raízes aéreas; folhas simples, mais ou menos carnosas, ovalas a elípticas; flores pequenas, bissexuadas, de cor creme em inflorescências tipo corimbo; fruto baga, globoso, roxo escuro contendo uma semente. **Floração:** março-junho. **Manejo:** prefere solo drenado, úmido e, devido ao crescimento vigoroso, necessita de suporte resistente; resiste bem a pleno sol, mas prefere meia-sombra. **Propagação:** sementes e estaquia de ramos. **Partes usadas:** folhas.

Uso medicinal popular: suco ou chá das folhas para diabetes melito tipo 2, convulsão, palpitações e gripe por vírus da influenza. Pesquisas comprovam a redução de açúcar no sangue.
Modo de usar: suco: bater no liquidificador 4 folhas com 2 copos de água e tomar meio copo 4 vezes ao dia durante 3 meses; havendo o controle da glicemia, reduzir para 1 folha em 2 copos de água 4 vezes ao dia. Chá (infusão): colocar 3 folhas grandes em um litro de água fervente, abafar, deixar em descanso por 10 min., coar e tomar 3 vezes ao dia. **Contraindicação:** gravidez, portadores de pedras nos rins e crises asmáticas. **Efeito colateral e toxicidade:** o suco pode causar formigamento na boca; neste caso, deve-se tomar o chá de folhas. **Interação medicamentosa:** não há relatos no uso indicado.

Observação: a espécie aqui tratada é facilmente identificável e seus frutos (à esquerda) são alimentos de aves; já *Cissus gongylodes* (à direita), conhecida como mãe-boa ou cipó-coró possui outros usos medicinais (para rins, especialmente), apesar do parentesco com o anil-trepador, suas folhas são compostas e o caule é alado.

Arnica-lanceta

Nome Específico: *Solidago chilensis* Meyen
Família: Asteraceae (= Compositae)

Outros nomes populares: arnica-brasileira, erva-de-lagarto e rabo-de-rojão.
Origem e História: nativa das regiões Sul e Sudeste do Brasil cresce espontaneamente em beiras de estradas, terrenos, pastagens e canaviais.
Descrição: erva anual, ereta, entouceirada, rizomatosa, levemente aromática, e com até 1,5m; folhas simples, lanceoladas a lineares, margens denteadas; flores amarelas, minúsculas e reunidas em capítulos, que por sua vez estão reunidos em densas inflorescências em forma de seta; frutos secos (cipselas), minúsculos e leves.
Floração: junho-setembro. **Manejo:** muito rústica, prefere solos férteis, bem drenados e pleno sol. **Propagação:** sementes e estaquia de rizoma. **Partes usadas:** folhas e flores.

Uso medicinal externo: cataplasma ou garrafada para contusões, hematomas, escoriações, inchaços e dores localizadas.
Modo de usar: cataplasma: pilar as folhas frescas até formar uma pasta e aplicar diretamente, ou entre dois panos limpos, sobre a área afetada 2 vezes ao dia. Garrafada composta: em um vidro limpo colocar folhas e flores picadas de 4 ramos de arnica, 1 caroço de abacate ralado e 30cm de cipó-imbê (*Philodendron bipinnatifidum*) cortado em pedaços de 3cm e abertos ao meio (cortados no sentido do comprimento). Cobrir com cachaça, tampar, descansar por 20 dias, coar e aplicar 3 vezes ao dia nas áreas doloridas. **Contraindicação:** não usar em feridas abertas.
Efeito colateral e toxicidade: o uso em excesso poderá causar vermelhidão e queimação da pele. Na falta de flores podem ser usadas só as folhas.

Observação: A arnica europeia, *Arnica montana*, (à esquerda, Munique, Alemanha), não é encontrada no Brasil, sendo importada por farmácias de manipulação; por aqui são encontradas a arnica-do-mato (*Porophyllum ruderale*) e as arnicas dos cerrados de Minas Gerais, do gênero *Lychnophora* (ambas, à direita).

Arruda

Nome Específico: *Ruta graveolens* L.
Família: Rutaceae

Outros nomes populares: ruta-de-cheiro-forte e erva-arruda.
Origem e História: originária do Mediterrâneo chegou ao Brasil através dos colonizadores portugueses; as benzedeiras e os curandeiros lhe atribuem poderes mágicos; é utilizada para afastar mau olhado.
Descrição: subarbusto perene, rizomatoso, de caule ereto; folhas simples, muito recortadas (pinatissectas), com segmentos arredondados, aromáticas e verde--azuladas (glaucas); flores amarelas, com 4 ou 5 pétalas franjadas e ovário proeminente; fruto cápsula. **Floração:** agosto-dezembro. **Manejo:** cresce bem a pleno sol, tornando-se vigorosa em solos bem drenados e ricos em matéria orgânica. **Propagação:** sementes e estaquia de ramos. **Partes usadas:** folhas.

Uso medicinal: banho em uso externo para tratamento de piolho; alcoolatura diluída ao meio, em caso de sarna.
Modo de usar: banho: picar 1 xícara de chá de folhas, verter 1 litro de água fervente, tampar por 15 min., coar e lavar a cabeça por 3 dias. Alcoolatura: colocar 1 copo de folhas picadas para 1 litro de álcool de cereais a 80%, deixar em repouso por 3 dias e coar. Pegar 1 copo do preparado, diluir com 1 copo de água e aplicar no corpo todo, exceto no rosto, por 3 dias. Ferver roupas do corpo e de cama. **Contraindicação:** gravidez. **Precaução:** não deve ser utilizada por mais de 10 dias. **Efeito colateral:** pessoas sensíveis podem ter irritação e queimaduras na pele; não se expor ao sol.

Observação: a arruda é uma das plantas medicinais mais inconfundíveis devido a seu odor característico; seu nome popular também não gera confusões, sendo usada sem problemas em todo o Brasil; ramos são colocados em locais frequentados por ratos que não suportam seu forte odor.

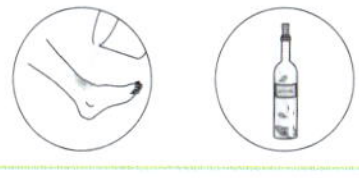

Babosa

Nome Específico: *Aloe vera* (L.) Burm. f.
Família: Asparagaceae

Outros nomes populares: aloé, babosa-grande e aloe-vera.
Origem e História: planta africana e aclimatada há séculos no Brasil; utilizada como medicinal desde a antiguidade ficou conhecida como a planta da beleza usada por Cleópatra; era usada em lençóis mortuários na época de Jesus Cristo.
Descrição: arbusto de até 1 m; folhas grossas, suculentas, lineares, margens e ápice com espinhos e medula com forte odor característico; flores amarelas, semelhantes a tubos curvos em cachos dispostos em longas hastes; fruto seco, cápsula. **Floração**: inverno-primavera (início). **Manejo:** solos com boa drenagem a pleno sol. **Propagação:** brotos laterais ("filhotes") e divisão de touceira. **Parte usada:** folhas (apenas a parte interna sem a "casca").

Uso medicinal: queimaduras, feridas na pele, picadas de insetos, queda de cabelos, caspa, mancha senil, psoríase, pele seca e hemorroida (supositório feito com o interior da folha cortado em cilindro, com o tamanho de 1 dedo e congelado).
Modo de usar: consumo fresco: cortar a folha na base, escorrer a seiva amarela, lavar, retirar a casca, cortá-la em fatias finas e aplicar diretamente sobre a pele lesionada 3 vezes ao dia. Conservar em geladeira por 1 semana. Gel (receita artesanal): bater no liquidificador 1 folha sem a casca por 1 min., aplicar 3 vezes ao dia e guardar na geladeira em frasco fervido e seco; tem validade de 1 semana, podendo ser ampliada para 1 mês, caso sejam acrescentadas 12 gotas de óleo essencial de lavanda. **Efeito colateral e toxicidade:** não há relatos para o uso externo. A ingestão de folhas com "casca" causa toxicidade, podendo ser fatal.

Observação: além da espécie aqui tratada, *Aloe ferox* (à esquerda), com flores laranjas, tem seu uso aprovado pela ANVISA; *Aloe arborescens* (à direita), a babosa-da-folha-fina é cultivada especialmente como cerca-viva; *Aloe* já esteve nas famílias Liliaceae, Aloeaceae e Xanthorrhoeaceae e atualmente está em Asparagaceae.

Bálsamo

Nome Específico: *Sedum dendroideum* Moc. & Sessé ex DC.
Família: Crassulaceae

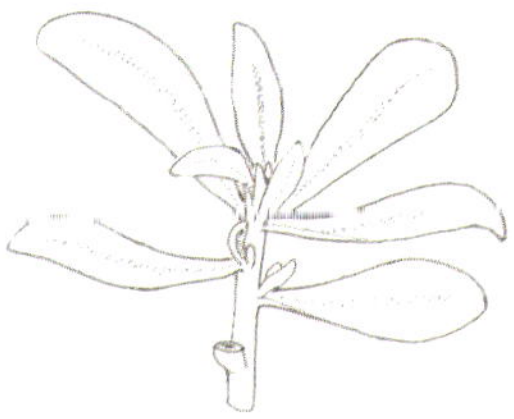

Outros nomes populares: bálsamo-branco e balsaminha.
Origem e História: nativo do México foi trazido ao Brasil no período colonial. É cultivado em jardins, vaso e hortas para fins ornamentais e medicinais.
Descrição: erva perene, semelhante a uma pequena árvore; folhas simples, alternas espiraladas, espatuladas, suculentas, de sabor agradável e levemente picante; flores amarelas, em forma de estrela e dispostas em panículas; fruto seco capsular. **Floração:** outono-inverno. **Manejo:** prefere solos ricos em matéria orgânica, bem drenados e pleno sol. **Propagação:** estaquia de ramos e de folhas. **Partes usadas:** folhas.

Uso medicinal popular: folhas frescas ou suco para azia, dor de estômago e gastrite. Cataplasma em contusões, entorses e ferimentos.
Modo de usar: consumo fresco: 2 folhas lavadas e mastigadas 3 vezes ao dia. Suco: bater 10 folhas frescas no liquidificador com 1 copo de água, leite ou suco de frutas e tomar 1 xícara de café 3 vezes ao dia. Cataplasma: macerar 10 folhas e colocar sobre a área afetada entre 2 panos limpos; fixar com uma atadura ou faixa. **Contraindicação:** uso interno, para grávidas e crianças. **Efeito colateral e toxicidade:** o uso interno por tempo prolongado pode reduzir a produção de espermatozoides.

Observação: da mesma família do bálsamo a planta-jade, *Crassula ovata*, maior e mais volumosa (à esquerda) e o bálsamo-azul ou palito-azul (*Senecio mandrarensis*), família Asteraceae, com folhas azuladas e flores em capítulos (à direita), são também usadas como medicinais, porém sem comprovação científica.

Barbatimão

Nome Específico: *Stryphnodendron adstringens* (Mart.) Coville
Família: Fabaceae (= Leguminosae)

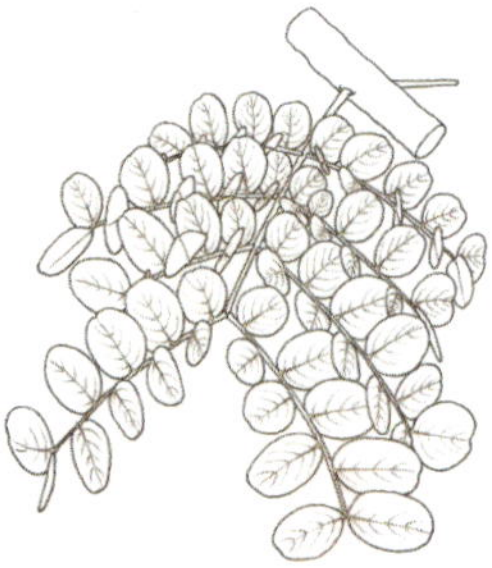

Outros nomes populares: barba-de-timão e casca-da-virgindade.
Origem e História: nativo do Cerrado (regiões Centro- Oeste e Sudeste) é usado na indústria para curtir alguns tipos de couro. O nome "barbatimão" vem da palavra indígena "ubatimó" que significa "planta que aperta".
Descrição: árvore de até 6m, tronco tortuoso, casca lisa, acinzentada; folha bipinada (recomposta), avermelhada na brotação; flores pequenas, amarelo-esverdeadas, em inflorescência tipo espiga; fruto legume ("vagem"). **Floração:** setembro-novembro. **Manejo:** cresce lentamente em solos arenosos, bem drenados. **Propagação:** sementes. **Partes usadas:** entrecascas (películas abaixo da casca) colhidas de manhã.

Uso medicinal: decocto da entrecasca em compressas e banhos para feridas, escaras de decúbito e úlceras varicosas. Banho vaginal em corrimento e bochecho em caso de sangramento por extração de dentes.
Modo de usar: chá (decocção): ferver 1 colher de sopa de entrecasca picada em 3 copos de água durante 15 min., deixar esfriar, coar e aplicar com compressa ou banhar nas lesões, 2 vezes ao dia. Banho vaginal: ferver 2 colheres de sopa de entrecasca em 3 copos de água por 15 min., deixar esfriar, coar, acrescentar 1 colher de sopa de vinagre branco e usar 2 vezes ao dia. Bochecho: usar o decocto frio em para cessar sangramentos bucais. **Contraindicação:** gravidez, crianças e ferimentos profundos. **Efeito colateral e toxicidade:** não usar em lesões com inflamação intensa. **Interação medicamentosa:** potencializa a ação da calêndula.

Observação: outras espécies também são conhecidas por barbatimão e têm os mesmos usos da espécie aqui tratada; o falso-barbatimão ou faveira (*Dimorphandra mollis*), no entanto, é outra espécie com outros usos; inflorescências de barbatimão e de falso-barbatimão são mostradas, respectivamente, à esquerda e à direita.

Bardana

Nome Específico: *Arctium lappa* L.
Família: Asteraceae (= Compositae)

Outros nomes populares: carrapicho-grande e labaça.
Origem e História: nativa da Europa e Ásia é usada desde a antiguidade como depurativo do sangue após a ingestão de alimentos pesados. No Brasil há uma variedade, o gobô, com raízes consumidas pelos japoneses e seus descendentes.
Descrição: erva anual ou bianual, de até 1,5m (quando florida), raiz suculenta; folha muito grande, pecíolo longo, brancas na face inferior; flores pequenas, tubulosas, roxas, em capítulos globosos, com espinhos em gancho na parte externa; fruto seco, com uma semente. **Floração:** primavera verão. **Manejo:** prefere solo úmido, com boa drenagem, sol direto ou sombra parcial. **Propagação:** sementes (frutos na verdade). **Partes usadas:** folhas e raízes (de plantas de 1 ano).

Uso medicinal: chá de raízes para má digestão e intestino preso; auxilia no tratamento do diabetes melito tipo 2, pressão alta e reumatismo. O chá de folhas é usado para intestino preso e pressão alta.
Modo de usar: chá (decocção): ferver 4 colheres de sopa da raiz em 3 copos de água durante 10 min. e tomar 1 copo 3 vezes ao dia; para má digestão, tomar após as refeições. Chá (infusão): colocar 1 copo de água fervente em 1 colher de sopa de folhas e tomar 2 vezes ao dia. Culinária: bardana salteada: raspar a casca da raiz, fatiar finamente, saltear com pouco óleo ou azeite, temperar com molho tipo shoyu, pimenta e uma pitada de açúcar. **Contraindicação:** gravidez, amamentação e crianças. **Efeito colateral e toxicidade:** não há relatos na forma recomendada.

Observação: a bardana cultivada no Brasil é grande se comparada com a espécie europeia *Arctium minus* (à esquerda, Toulouse, França) não cultivada aqui; pelo tamanho e forma das folhas poderia ser confundida com o fuki (*Petasites japonicus*), à direita, da mesma família, mas as da bardana são maiores e não tão arredondadas.

Boldo-baiano

Nome Específico: *Gymnanthemun amygdalinum* (Delile) Sch. Bip. ex Walp.
Família: Asteraceae (= Compositae)

Outros nomes populares: boldo-alumã, boldo-goiano, falso-boldo e alumã.
Origem e História: nativo da África Tropical foi trazido por homens escravizados que o utilizavam para tratar males digestivos.
Descrição: árvore de pequeno porte ou arbusto perene, ramos frágeis; folhas simples, elípticas, serreadas, amargas; flores brancas, tubulosas em capítulos que por sua vez estão reunidos em densas inflorescências; frutos secos, com uma semente e cálice persistente. **Floração:** verão. **Manejo:** rústico, cresce em qualquer solo e só necessita poda de condução, dependendo do local e prefere sol pleno. **Propagação:** sementes (na verdade, frutos) e estaquia de ramos. **Partes usadas:** folhas.

Uso medicinal: folhas maceradas para má digestão, gases intestinais, vesícula preguiçosa e diarreia alimentar. Auxilia em casos de pedra na vesícula biliar e ressaca. O chá é uma opção menos amarga.
Modo de usar: maceração: pilar 3 folhas picadas; colocar 3 colheres de sopa de água, aguardar 10 min., coar e tomar em jejum meia hora antes das refeições. Chá: colocar 1 copo de água fervente em 3 folhas picadas, abafar por 10 min., coar e tomar 3 vezes ao dia. **Contraindicação:** gravidez, amamentação, portadores de problemas renais, hepáticos graves e cardíacos. **Efeito colateral e toxicidade:** em doses altas, pode irritar o estômago. Utilizar por no máximo 30 dias.

Observação: é bastante confundido com o boldo-do-chile (*Peumus boldus*, família Monimiaceae, que não é cultivado no Brasil; foto à esquerda, Siena, Itália) e às vezes, com o boldo-peludo (*Plectranthus barbatus*, família Lamiaceae, foto à direita), também abordado neste guia e bastante cultivado em hortas e jardins.

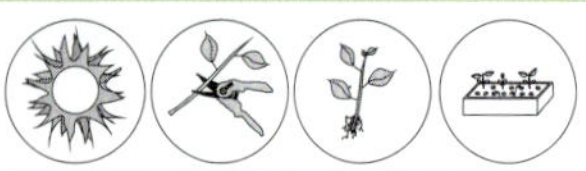

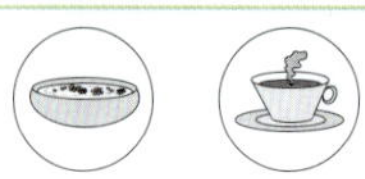

Boldo-peludo

Nome Específico: *Plectranthus barbatus* (Andr.) Benth.
Família: Lamiaceae (= Labiatae)

Outros nomes populares: boldo-de-jardim, boldo-da-terra e boldo-do-reino.
Origem e História: originário da Índia foi trazido ao Brasil no período colonial e é utilizado para tratar males do fígado e má digestão. É considerada planta ritualística em religiões de raízes africanas.
Descrição: arbusto com ramos herbáceos (tenros), perene, de até 3m; folhas simples, ovaladas a elípticas, pilosas, margem denteadas, muito amargas; flores bilabiadas, roxo-azuladas, em longas inflorescências; fruto seco, envolto pelo cálice persistente. **Floração:** primavera-verão. **Manejo:** desenvolve-se em pleno sol e prefere solo areno-argiloso e bem drenado; após dois anos de cultivo, aconselha-se o replantio. **Propagação:** estaquia de ramos. **Partes usadas:** folhas.

Uso medicinal: folhas maceradas ou chá para azia, empachamento, gases e cólicas intestinais. Estimula a digestão. É tônico para o fígado e vesícula biliar. Auxilia no controle à obesidade estimulando a queima de gorduras.
Modo de usar: maceração: amassar 3 folhas e colocar meia xícara de café de água, esperar 10 min., coar e tomar em jejum, meia hora antes das refeições. Chá (infusão): com 3 folhas em 1 copo de água fervente, deixar em repouso por 5 min., coar e tomar do mesmo modo, se achar o macerado muito amargo. **Contraindicação:** gravidez, amamentação, crianças e úlcera gástrica. **Efeito colateral e toxicidade:** não há relatos na dose indicada; dose alta pode causar irritação gástrica. **Interação medicamentosa:** não usar com antiácidos, metronidazol e dissulfiran.

Observação: é confundida com *P. barbatus grandis* (o boldão), à esquerda, cujo uso popular é o mesmo, mas, que no entanto, é de outra variedade, com plantas bem maiores; há o boldo-rasteiro ou boldinho, mas este tem odor diferente e é rasteiro, da espécie *Plectranthus ornatus* (à direita), também usado como ornamental.

Caçaú

Nome Específico: *Aristolochia galeata* Mart.
Família: Aristolochiaceae

Outros nomes populares: cipó-mil-homens, jarrinha, papo-de-peru e angelicó.
Origem e História: nativo da Mata Atlântica nas regiões Sul e Sudeste até a Bahia, em capoeiras e roças abandonadas. Muito usado na medicina tradicional brasileira.
Descrição: trepadeira (volúvel) lenhosa, casca espessada e fissurada; folhas simples, reniformes (forma de rim), pecioladas; flores solitárias, púrpuras, formato bizarro que lembra uma ave, odor desagradável; fruto seco, capsular, em forma de cesta, sementes achatadas. **Floração:** primavera-verão. **Manejo:** não exigente quanto ao solo, desenvolve-se melhor nos arenosos e com boa drenagem; necessita um suporte resistente. **Propagação:** sementes. **Partes usadas:** sistema subterrâneo (deve ser evitado por matar a planta), ramos (''cipó'') e folhas.

Uso medicinal popular: chá ou vinho medicinal do caule como tônico dos rins, fígado, baço e coração, estimulante da digestão e do apetite. Indicado para dor de estômago, diarreia, intestino preso e gases intestinais. Chá de folhas para sarna.
Modo de usar: chá (decocção): ferver 1 copo de água e colocar 1 colher de sobremesa de caule secos picados, ferver tampado, por 3 min., coar e tomar 2 vezes ao dia antes das refeições. Vinho medicinal: colocar 3 colheres de sopa de caule em 1 garrafa de vinho branco de cerca de 700 ml, deixar em maceração por 10 dias, coar e tomar 1 xícara de café antes das refeições. Chá (infusão): colocar meio litro de água fervente em 10 colheres de sopa de folhas picadas, tampar por 10 min., coar e aplicar no corpo durante 5 dias. **Contraindicação:** gravidez, problemas cardíacos e obesos. **Efeito colateral e toxicidade:** o chá não deve ser usado por mais de 15 dias. **Interação medicamentosa:** não há relatos no modo indicado.

Observação: várias espécies de *Aristolochia* são utilizadas para os mesmos fins e mais ou menos da mesma forma. Muito utilizada e estudada é *A. cymbifera* (à esquerda) que se tornou rara e deveria ser cultivada; *A. triangularis* (à direita), de folhas triangulares, flores bem menores e com cipó vigoroso, também é muito usada.

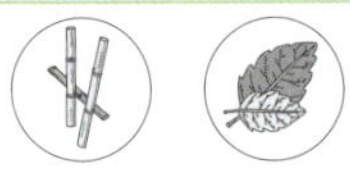

Camomila-alemã

Nome Específico: *Matricaria recutita* L.
Família: Asteraceae (= Compositae)

Outros nomes populares: camomila e matricária.
Origem e História: nativa da Europa e do oeste da Ásia até a Índia, foi aclimatada nas regiões sul e sudeste do Brasil, sendo utilizada para má digestão e nervosismo.
Descrição: erva delicada, ereta, ramificada e aromática; folhas simples, muito recortadas; flores brancas em forma de lingueta e amarelas tubulosas reunidas em capítulos (semelhantes a pequenas margaridas); fruto seco, com uma semente. **Floração:** (final do) inverno-primavera. **Manejo:** requer solos estercados, bem drenados e clima ameno; seu ciclo de vida é muito curto, é plantado no inverno e as flores são colhidas no verão. **Propagação:** sementes. **Partes usadas:** flores (na verdade, inflorescências).

Uso medicinal: chá das flores para ansiedade leve, insônia, indigestão, empachamento, cólicas e gases intestinais. Irritação infantil na época de erupção dos dentes.
Modo de usar: chá (infusão): colocar 1 copo de água fervente em 1 colher de sopa de flores secas, tampar por 10 min. e coar, tomar 1 copo 3 vezes ao dia. Crianças: colocar 1 copo de água fervente em 1 colher de sobremesa de flores secas. Doses: de 6 meses até 1 ano - 1 colher de sopa 3 vezes ao dia; de 1 a 3 anos - 1 colher de sopa e meia 3 vezes ao dia; de 4 a 6 anos - 1/2 xícara de café 3 vezes ao dia; de 7 a 12 anos - 1 xícara de café 3 vezes ao dia. **Contraindicação:** grávidas e alérgicos ao pólen da flor. **Efeito colateral e toxicidade:** pode ocorrer dermatite de contato ou fotossensibilização. **Interação medicamentosa:** não usar com anticoagulantes, ciclosporina e anticoncepcional.

Observação: a camomila é encontrada na forma selvagem na Europa, África e Ásia e a que cultivamos no Brasil tem melhoramento genético (cultivar); não se deve confundi-la com camomila-romana, *Anthemis nobilis* (à esquerda, Toulouse, França) e nem com camomila-amarela *Helenium amarum* (à direita), ornamental e não medicinal.

Cana-de-macaco

Nome Específico: *Costus spiralis* (Jacq.) Roscoe
Família: Costaceae

Outros nomes populares: cana-do-brejo, jacuacanga, periná e ubacaia.
Origem e História: planta ornamental nativa do Brasil e encontrada em florestas úmidas da Amazônia e Mata Atlântica. Seu uso é baseado em sabedoria popular.
Descrição: erva perene rizomatosa, caules eretos e espiralados, até 2m; folhas alternas, ovaladas, sem pecíolo e com bainha; flores tubulosas, brancas ou vermelhas reunidas em espigas de brácteas vermelho-vivas; frutos suculentos (bagas) brancos com cálice vermelho. **Floração:** quase o ano todo (exceto no inverno). **Manejo:** prefere locais úmidos, solos ricos em matéria orgânica e ambientes sombreados. **Propagação:** estaquia de ramos e de rizoma, brotos das inflorescências e sementes. **Partes usadas:** folhas e caules aéreos ("talos").

Uso medicinal popular: chá de folhas e talos para pressão alta, inflamação da bexiga e do canal da urina. Uso em queda de cabelos, alopecia e como depurativo. O suco dos talos auxilia o tratamento da arteriosclerose, diabetes e picadas de insetos.
Modo de usar: chá (infusão): colocar 3 copos de água fervente em 1 copo de folhas e talos picados, tampar por 10 min., coar e tomar 1 copo 3 vezes ao dia. Para queda de cabelos e alopecia, massagear o couro cabeludo com o chá, 3 vezes ao dia. Suco: bater no liquidificador 1 copo de talos picados com 3 copos de água, coar e tomar 1 copo 3 vezes ao dia. **Contraindicação:** gravidez e portadores de cálculos renais de oxalato de cálcio. **Efeito colateral e toxicidade:** não há relatos na dose indicada. Não usar por mais de 60 dias. **Interação medicamentosa:** não há relatos no uso indicado.

Observação: a espécie aqui tratada possui 6 variedades e por isso vemos alguns exemplares com flores vermelhas (à esquerda) e outros com flores brancas; outras espécies, como *Costus arabicus* (à direita), são encontradas no Brasil e usadas como a espécie aqui descrita e também cultivadas como ornamentais.

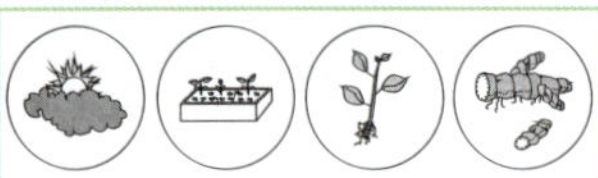
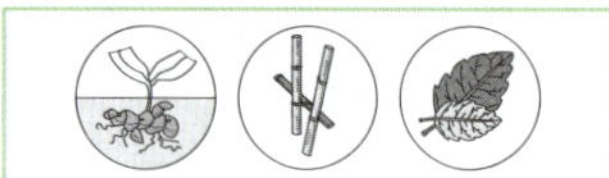

Canfrinho

Nome Específico: *Artemisia camphorata* Vill
Família: Asteraceae (= Compositae)

Outros nomes populares: cânfora-de-jardim e cânfora-rasteira.
Origem e História: originário do sudeste europeu e norte africano; os caboclos brasileiros a utilizavam como planta medicinal; muito comum o uso de garrafadas com ramos folhosos. Devido ao odor, coloração e textura característicos, essa espécie é indicada para jardins sensoriais.
Descrição: subarbusto perene, aromático, rasteiro com ramos jovens eretos; folhas simples, muito recortadas, verde-acinzentadas; flores reduzidas, agrupadas em capítulos; fruto seco com uma semente. **Floração:** primavera. **Manejo:** apresenta bom crescimento em pleno sol, preferindo solos mais arenosos e ricos em matéria orgânica. **Propagação:** estaquia de ramos e de folhas. **Partes usadas:** folhas.

Uso medicinal popular: compressas para dores musculares, reumáticas e contusões. Massagem com a garrafada de folhas (podem estar com os ramos) em áreas doloridas e na queda de cabelos. Folhas maceradas em azeite para picadas de insetos e pequenos cortes superficiais.
Modo de usar: chá (infusão): colocar meio litro de água fervente em 8 colheres de sopa de folhas, tampar por 10 min. e coar. Fazer compressas sobre a área afetada 3 vezes ao dia. Garrafada: colocar em um frasco de vidro com tampa 4 ramos e 1 copo de cachaça. Deixar em repouso em local escuro por 10 dias. Após esse período, coar e massagear a área afetada 3 vezes ao dia. **Contraindicação:** gravidez, amamentação e crianças menores de 5 anos. **Efeito colateral e toxicidade:** o uso prolongado pode irritar a pele.

Observação: *Artemisia* é um gênero que envolve diversas espécies medicinais como a losna e a artemísia usada no tratamento da malária, *Artemisia annua* (à esquerda); não deve ser confundido com a canforeira, *Cinnamomum camphora*, família Lauraceae, que é uma árvore parecida com a canela (à direita).

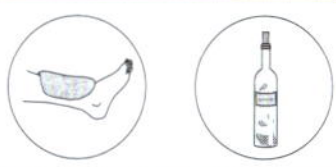

Capim-santo

Nome Específico: *Cymbopogon citratus* (DC.) Stapf
Família: Poaceae (= Gramineae)

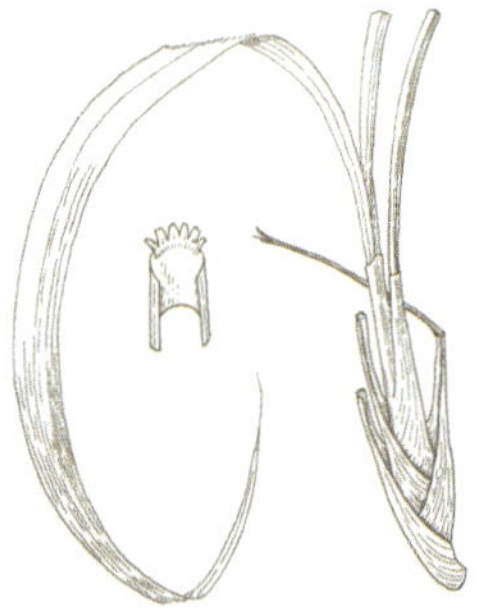

Outros nomes populares: capim-cidreira, capim-cheiroso e capim-limão.
Origem e História: originário da Índia foi introduzido no Brasil na época da colonização para conter a erosão do solo.
Descrição: erva perene, rizomatosa, entouceirada; folhas lineares (estreitas e longas), ásperas, com odor de limão quanto amassadas; inflorescência muito grande, com milhares de espiguetas que contém flores reduzidas. **Floração:** é extremamente rara no Brasil. **Manejo:** rústica, prefere pleno sol, solo estercado e não muito úmido. **Propagação:** divisão de touceiras (cortam-se as folhas das mudas deixando apenas 10cm). **Partes usadas:** folhas.

Uso medicinal: chá de folhas frescas para insônia, ansiedade e dor de cabeça de origem nervosa. Auxilia no tratamento de pressão alta e obesidade. Alivia febre, dores, cólicas intestinais e diarreia. Uso em gripes e alergias respiratórias.
Modo de usar: chá (infusão): colocar 1 copo de água fervente em 3 folhas inteiras picadas, tampar por 5 min., coar e tomar 3 vezes ao dia. Culinária: suco - bater no liquidificador 1 litro de água gelada com suco de 1 limão e 10 folhas de capim-santo, passar em filtro de papel e servir como refresco. Amassar ou fatiar "talos" (bases das folhas) para temperar refogados e aromatizar bebidas. Combina com alho, coentro e pimentas. **Contraindicação:** chá em gestantes e portadores de pressão muito baixa. **Efeito colateral e toxicidade:** dose alta causa moleza, diminuição do batimento cardíaco, sonolência e fraqueza.

Observação: confundido com capim-nagô, *Cymbopogon densiflorus* (à esquerda), citronela--de-java, *Cymbopogon winterianus* (à direita) e citronela-do-ceilão, *Cymbopogon nardus* (as duas últimas, inseticidas naturais); flores de capim-santo são raríssimas no Brasil, mas o odor cítrico de suas folhas confirma sua identificação.

Capuchinha

Nome Específico: *Tropaeolum majus* L.
Família: Tropaeolaceae

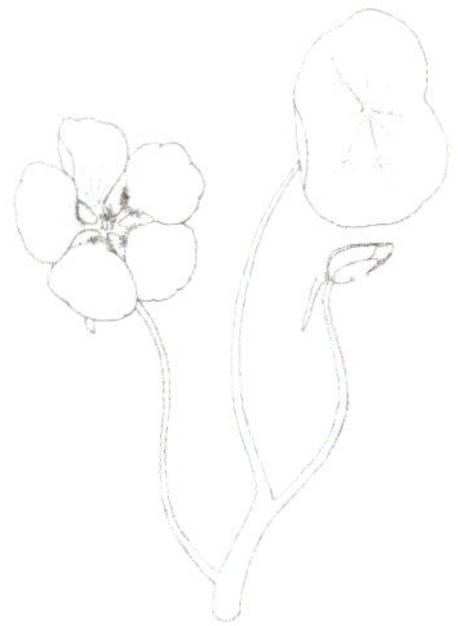

Outros nomes populares: flor-de-chagas, chagas e agrião-do-méxico.
Origem e História: originária do Peru e México é cultivada no mundo todo como ornamental e para uso culinário e medicinal (em problemas pulmonares).
Descrição: erva anual, rasteira, escandente (sobem em suportes); folhas redondas, margens onduladas, peltadas; flores grandes, com 5 pétalas (tons de vermelho, vinho, laranja e amarelo) e apêndice na parte posterior (cálcaro); frutos trinuculares (3 "nozes") com 3 sementes. **Floração:** (final de) inverno-verão (início). **Manejo:** manter o solo úmido em áreas parcialmente sombreadas. **Propagação:** sementes e estaquia de ramos. **Partes usadas:** flores, folhas e frutos.

Uso medicinal popular: chá das folhas é indicado para tosse, bronquite, gripes e resfriados. Auxilia em casos de infecção urinária e atua na pressão alta. O suco da planta sem raiz é usado para enfisema e queda de cabelo. É antioxidante e anti--inflamatória. As flores e folhas são consumidas em salada e os frutos em conserva.
Modo de usar: chá (infusão): colocar 1 copo de água fervente em 2 colheres de sopa de folhas (8) picadas; tampar, coar e tomar 1 copo 3 vezes ao dia. Suco: bater no liquidificador 1 copo de planta picada (50g) com 1/2 copo de água, coar e tomar 1 colher de sopa com leite, 3 vezes ao dia, para casos de enfisema. Friccionar o suco no couro cabeludo, em caso de queda de cabelo. Culinária: salada e conserva.
Contraindicação: gravidez e menores de 5 anos. Pacientes com úlcera gastroduodenal, hipotireoidismo e doença renal crônica. **Efeito colateral e toxicidade:** dermatite de contato. Alta dose pode irritar estômago e intestinos.
Interação medicamentosa: não há relatos no modo indicado.

Observação: a capuchinha é identificável devido à forma arredondada das folhas e flores calcaradas (com um "rabinho" atrás); o fruto, denominado alcaparra-brasileira, não deve ser confundido com a alcaparra (*Capparis spinosa*), espécie do mediterrâneo (à direita, Siena, Itália), da qual são consumidos os botões em salmoura.

Carqueja

Nome Específico: *Baccharis trimera* (Less.) DC.
Família: Asteraceae (= Compositae)

Outros nomes populares: carqueja-amargosa e carqueja-do-mato.
Origem e História: nativa de campos e bosques da América do Sul e dos Andes; no Brasil é encontrada em pastos e margens de estradas em vários tipos de solos.
Descrição: subarbusto perene, ereto até 1m; folhas com limbo muito reduzido, porém, com base amplamente decurrente, deixando o caule trialado; flores reduzidas, tubulosas, em capítulos (similares a pincéis); fruto seco, com uma semente e cálice persistente. **Floração:** primavera-verão. **Manejo:** se desenvolve melhor em clima mais ameno e solo úmido (irrigar duas vezes por semana). A planta deve ser podada quando estiver muito grande, estimulando a brotação. **Propagação:** sementes e estaquia de ramos. **Partes usadas:** caules com folhas.

Uso medicinal: chá de ramos e folhas para azia, má digestão, gastrite e intestino preso. Atua como tônico do fígado e vesícula biliar. Auxilia no tratamento da obesidade, pressão alta e diabete melito tipo 2. É analgésico e anti-inflamatório na gota e nas dores ciáticas. Compressa em feridas e psoríase.
Modo de usar: chá (infusão): colocar 1 copo de água fervente em 1colher de sobremesa de ramos frescos picados, tampar por 5 min., tomar em jejum e após as refeições nos males digestivos. Compressa: em 1 litro de água fervente colocar 2 copos de ramos folhosos picados, tampar por 10 min., coar e aplicar 3 vezes ao dia.
Contraindicações: gravidez e amamentação. **Efeito colateral e toxicidade:** dose alta ou uso prolongado pode causar queda da pressão arterial, fraqueza e tontura. Não usar por mais de 60 dias. **Interação medicamentosa:** não usar junto com remédios para pressão alta e diabetes.

Observação: existe a carqueja-fina ou carqueja-doce, *Baccharis articulata* (à esquerda), com usos similares; do mesmo gênero, o mio-mio ou vassourinha, *Baccharis dracunculifolia* (à direita), é um arbusto ou uma arvoreta com folhas pequenas, mas não decurrentes (como expansões do caule), usada para se fazer o própolis-verde.

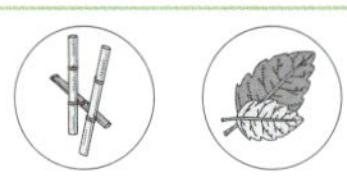

Cavalinha

Nome Específico: *Equisetum hyemale* L.
Família: Equisetaceae

Outros nomes populares: cavalinha-do-campo, pinheirinho e rabo-de-cavalo. **Origem e História:** sul-americana, cultivada como ornamental e rica em silício. Pertence a um dos mais antigos gêneros do planeta (mais de 300 milhões de anos). **Descrição:** planta herbácea, perene, rizomatosa, caule aéreo verde, fistuloso, fotossintetizante, áspero, de até 1m; folhas pequenas, escamiformes, envolvendo os nós; estróbilos no lugar de flores e esporos em substituição às sementes. **Formação de estróbilos:** o ano todo. **Manejo:** prefere solos úmidos e aerados em pleno sol. **Propagação:** divisão de touceiras. **Partes usadas:** caule sem estróbilos.

Uso medicinal: chá para pressão alta, pedra nos rins, inflamação e cólica das vias urinárias, incontinência urinária e gota. Remineralizante, auxilia no tratamento de osteoporose, artrite e fraturas. Rica em sílica é benéfica na síntese de colágeno, tendões, unhas, córnea e cartilagens. Aumenta a consistência dos ossos. Uso externo em sangramento nasal e gengival, unhas fracas e implante dentário. **Modo de usar:** chá (infusão): colocar 1 copo de água fervente, sobre 1 colher de sobremesa de caule picado, tampar por 10 min., coar e tomar 1 copo de 2 a 3 vezes ao dia. Bochecho, tampão nasal e banho (decocção): aquecer 1 copo de água até fervura, colocar 2 colheres de sopa cheia, ferver por 5 min., coar e utilizar para bochechos e para umedecer o tampão nasal que será introduzido nas narinas. Mergulhar as unhas 1 vez ao dia durante 15 dias. **Contraindicações:** gravidez, amamentação e crianças. **Efeito colateral e toxicidade:** perda de equilíbrio e fraqueza em uso prolongado. Usar no máximo por 30 dias. **Interação medicamentosa:** não usar com diuréticos.

Observação: *E. hyemale* é muitas vezes denominada erroneamente *Equisetum arvensis*, que é europeia, não encontrada no Brasil (à esquerda, Srednja vas, Eslovênia); a cavalinha-gigante, *E. giganteum*, (à direita), é encontrada em áreas inundáveis de certas regiões brasileiras e tem mesmos usos da espécie aqui tratada.

Cebolinha

Nome Específico: *Allium fistulosum* L.
Família: Amaryllidaceae

Outros nomes populares: cebolinha-verde.
Origem e História: originária da China, conhecida há mais de quatro mil anos, era considerada a "pérola entre as verduras" e hoje é muito apreciada na cozinha brasileira como condimento, bem como em outras diversas culturas.
Descrição: planta herbácea de bulbos brancos, finos e alongados; folhas verdes, longas, cilíndricas, aromáticas; inflorescência umbela, com flores de coloração branco-esverdeadas; fruto cápsula, com seis sementes. **Floração:** primavera (início). **Manejo:** deve ser cultivada em solo rico em matéria orgânica, úmido e bem drenado, em pleno sol; prefere clima ameno; na colheita pode-se retirar a planta inteira ou somente a parte verde para estimular a rebrota. **Propagação:** divisão de touceiras e sementes. **Partes usadas:** folhas e bulbos ("talos").

Uso medicinal popular: chá para gripes, resfriados e má digestão. Combate a febre, é depurativa e diurética. Banho em caso de feridas. Rica em vitamina A, C, B1, B2, B6, ácido fólico, fósforo, magnésio e potássio.
Modo de usar: chá (decocção): ferver 2 colheres de sopa de bulbos ("talos") e folhas picadas em 1 copo de água durante 3 min. e tomar 1 copo 3 vezes ao dia. Para má digestão, tomar antes das refeições. Banho: para feridas, ferver 8 colheres de sopa em meio litro de água por 3 min., coar e lavar a lesão 2 vezes ao dia. Culinária: deve ser consumida fresca e colocada ao finalizar o prato. **Contraindicação, efeito colateral e toxicidade:** não há relatos na dose indicada. **Interação medicamentosa:** não há relatos na forma indicada.

Observação: a cebolinha praticamente não é confundida com outras espécies; a cebola, *Allium cepa*, (à esquerda) e a cebolinha-francesa, *Allium schoenoprasum* (à direita, Madri, Espanha) também são cultivadas em hortas; as cebolas já pertenceram à família Liliaceae, depois foram para Alliaceae e hoje estão em Amaryllidaceae.

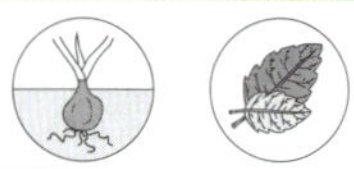

Centela-asiática

Nome Específico: *Centella asiatica* (L.) Urban.
Família: Apiaceae (= Umbelliferae)

Outros nomes populares: centela, pé-de-cavalo, corcel e cairuçu-asiático.
Origem e História: nativa da Ásia, especialmente da Índia, é amplamente disseminada no Brasil e utilizada como cicatrizante há mais de 3.000 anos.
Descrição: erva perene rasteira, rizomatosa, formando grandes forrações; folhas simples, redondas, surgindo diretamente dos nós dos rizomas; flores pequenas de cores esverdeadas, reunidas em pequenas umbelas que surgem na base da folha; fruto seco com duas sementes. **Floração:** primavera-verão. **Manejo:** prefere solos úmidos e com matéria orgânica; rústica pode se tornar invasora. **Propagação:** divisão de touceiras e estaquia de rizoma. **Partes usadas:** folhas.

Uso medicinal: compressas e banhos em caso de celulite, úlceras varicosas, feridas e eczemas. Estimula a cicatrização em escaras de decúbito e rachaduras de pele. Chá para má circulação e normalizar a produção do colágeno. A medicina oriental a indica para ansiedade e tônico para memória, prevenção do envelhecimento e de problemas reumáticos. Auxilia no tratamento de varizes e queloides.
Modo de usar: banhos e compressas: colocar 1 litro de água fervente em 6 colheres de sopa de folhas, tampar por 10 min., coar e aplicar 2 vezes ao dia por 15 min. Chá (infusão): colocar 1 copo de água fervente em 2 colheres de sopa de folhas frescas e tomar 1 copo, 3 vezes ao dia. **Contraindicação:** gravidez, amamentação, crianças e portadores de gastrite e úlcera gástrica. **Efeito colateral e toxicidade:** pode ocorrer fotossensibilização em uso externo. **Interação medicamentosa:** fenilbutazona (anti-inflamatória e analgésica).

Observação: pode ser confundida com espécies de *Hydrocotyle* (à esquerda), família Araliaceae; e é parecida com hera-terrestre, *Glechoma hederacea* (à direita), família Lamiaceae; as flores de centela-asiática quase não são notadas pois são esverdeadas em curtos pendões; nas outras espécies aqui citadas as flores são bem evidentes.

Chambá

Nome Específico: *Justicia pectoralis* Jacq.
Família: Acanthaceae

Outros nomes populares: anador, trevo-do-pará, trevo-cumaru e chachambá.
Origem e História: planta sul-americana utilizada por indígenas da Colômbia e Amazonas; no Nordeste é base para preparo do "lambedor" (xarope) muito utilizado.
Descrição: subarbusto perene, caules avermelhados, até 40cm; folhas simples, ovaladas a lanceoladas; flores bilabiadas, brancas ou lilases com venações vinosas, em cachos; fruto cápsula. **Floração:** outono-inverno. **Manejo:** cresce a pleno sol ou meia sombra e não necessita de adubação. **Propagação:** estaquia de ramos e ramos já enraizados. **Partes usadas:** folhas (frescas).

Uso medicinal: chá para dor, febre, gripes, resfriados, ansiedade e cólicas intestinais. Xarope ou chá para bronquite, asma e tosse.
Modo de usar: chá (infusão): colocar 1 copo de água fervente em 1 colher de sopa cheia de folha fresca picada, tampar 5 min., coar e tomar 3 vezes ao dia. Xarope composto: em panela esmaltada ou inox, dissolver 1 copo de açúcar em meio copo de água até formar uma calda fina, colocar 1 copo de folhas picadas, 10 folhas de hortelã-da-folha-gorda (*Plectranthus amboinicus*) picadas, misturar, tampar, deixar em repouso por meia hora e coar. Adulto - tomar 1 colher de sopa 3 vezes ao dia. Crianças de 2 a 6 anos - 1 colher de chá, 3 vezes ao dia; de 7 a 12 anos e acima de 70 anos - 1 colher de sobremesa, 3 vezes ao dia. Validade: 1 mês na geladeira.
Contraindicação: gravidez e amamentação. **Efeito colateral e toxicidade:** não utilizar em caso de dengue e por mais de 30 dias. Evitar secagem doméstica.
Interação medicamentosa: com anticoagulantes, sedativos e ansiolíticos.

Observação: o chambá é confundido com *Justicia* gendarussa, mais robusta denominada "abre-caminho" (à esquerda) e cultivada como ornamental; a espécie aqui tratada tem uma variação bastante grande quanto ao porte (eretas e rasteiras), ao tamanho e forma de folhas, como nessa "variedade" apresentada à direita.

Chapéu-de-couro

Nome Específico: *Echinodorus grandiflorus* (Cham. & Schltdl.) Micheli
Família: Alismataceae

Outros nomes populares: chá-do-brejo, chá-mineiro e erva-do-pântano.
Origem e História: nativa do Brasil, especialmente na regiao Sul.
Descrição: erva aquática ou paludosa (brejo), perene, acaule, 1-2m; folhas simples, grandes, coriáceas e longos pecíolos; flores unissexuais com três pétalas brancas, perfumadas em longas inflorescências; frutos compostos com muitas sementes. **Floração:** outubro-março. **Manejo:** cresce melhor em solos arenosos, alagados ou encharcados. **Propagação:** sementes (que têm dormência) e propágulos ("filhotes") das hastes florais. **Partes usadas:** folhas.

Uso medicinal: diurético, analgésico e anti-inflamatória, o chá ou a tintura são indicados para pressão alta, inflamações da bexiga e pedra nos rins. Auxiliam no tratamento da esteatose (gordura no fígado), gota, artrite reumatoide e colesterol alto.
Modo de usar: chá (infusão): colocar 1 copo de água fervente sobre 2 colheres de sopa da folha fresca picada, tampar por 10 min., coar e tomar 1 copo 3 a 4 vezes ao dia. Tintura (1:10): tomar de 1 a 3 gotas por kg de peso, dividido em 3 doses com meio copo de água. **Contraindicação:** gravidez, amamentação e crianças menores de 3 anos. **Efeito colateral e toxicidade:** doses elevadas podem causar diarreia. O uso prolongado leva à queda de potássio e cálcio. Não deve ser utilizado com diuréticos e por mais de 30 dias. **Interação medicamentosa:** não há relatos no modo indicado.

Observação: muitas espécies de *Echinodorus* apresentam plantas semelhantes entre si, devido à grande plasticidade morfológica delas; algumas, como *Echinodorus macrophylllus* (à esquerda) são usadas como a espécie aqui tratada; outras têm folhas um pouco mais diferenciadas como *Echinodorus cordifolius* (à direita, Paris, França).

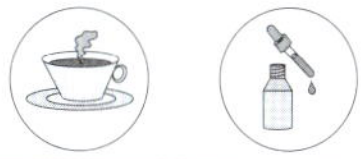

Cidreira-em-rama

Nome Específico: *Lippia alba* (Mill.) N.E. Br.
Família: Verbenaceae

Outros nomes populares: chá-de-tabuleiro, cidreira-brava, falsa-melissa, pronto-alívio, cidrila e cidrão.
Origem e História: planta brasileira, de áreas úmidas de cerrado (com transição para matas úmidas), tem suas propriedades sedativas e para cólicas estudadas há mais de um século.
Descrição: subarbusto escandente (sobe em suporte) perene com ramos flexíveis; folhas simples, opostas, ásperas, bordas serreadas e muito aromáticas; flores róseo-arroxeadas ou brancas, em inflorescências globosas aos pares; fruto seco, envolto pelo cálice, com 4 sementes. **Floração:** praticamente o ano todo. **Manejo:** apresenta bom crescimento em diversas condições de solo e clima, desde que em pleno sol; aconselha-se poda de condução e um tutor. **Propagação:** estaquia de ramos. **Partes usadas:** folhas e flores.

Uso medicinal: chá para insônia, ansiedade, nervosismo, cólicas intestinais, gases, má digestão e ânsia de vômito. Complementa o tratamento de enxaqueca, dor de cabeça e pressão alta. Ameniza doenças de fundo nervoso como psoríase, vitiligo e eczemas.
Modo de usar: chá (infusão): colocar 1 copo de água quente em 1 colher de sopa das folhas, tampar por 5 min., coar e tomar 1 copo 3 vezes ao dia. **Contraindicação:** gravidez, amamentação e pessoas com pressão muito baixa. **Efeito colateral e toxicidade:** doses elevadas podem causar queda de pressão, diminuição do batimento cardíaco e irritação no estômago. **Interação medicamentosa:** paracetamol e depressores do sistema nervoso central.

Observação: existem muitas variedades dessa espécie com odores e cores de flores variáveis (à esquerda); "erva-cidreira" é o nome popular de *Melissa officinalis*, fam. Lamiaceae; "capim-cidreira" é o nome de *Cymbopogon citratus*, fam. Poaceae (ambas à direita); "cidreira", portanto, é nome que pode gerar confusões de identificação.

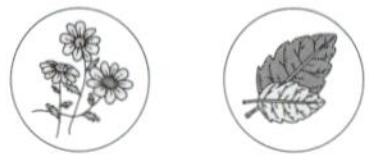

Confrei

Nome Específico: *Symphytum officinale* L.
Família: Boraginaceae

Outros nomes populares: consólida e orelha-de-burro.
Origem e História: originária da Ásia e da Europa é usada como cicatrizante desde a época romana até os dias de hoje, especialmente durante a Primeira Guerra Mundial.
Descrição: erva perene, acaule, de até 90cm de altura, raízes tuberosas; folhas ásperas, simples, alternas, lanceoladas, pilosas e ásperas; flores em forma de sino, brancas a violetas, em cimeiras; fruto seco com quatro sementes, envolvido pelo cálice. **Floração:** primavera. **Manejo:** não necessita de grandes cuidados, mas prefere solos arenosos com sol ou sombra parcial, podendo ser cultivada em vasos.
Propagação: estaquia de raízes e divisão de touceiras. **Partes usadas:** folhas (antes da floração).

Uso medicinal: cataplasma e pomadas em úlceras, ferimentos na pele e contusões. É cicatrizante, anti-inflamatória e calmante da pele.
Modo de usar: cataplasma: lavar 1 folha, picar, pilar até sair o sumo, coar, acrescentar 1 colher de sopa de gel de babosa (*Aloe vera*), colocar na ferida e cobrir com uma gaze ou pano limpo. Trocar duas vezes ao dia. Pomada artesanal: derreter 150 g de vaselina sólida em frasco de vidro em banho-maria, acrescentar 5 folhas finamente picadas e mexer por 20 min., coar com gaze ou coador, colocar num frasco de boca larga, deixar esfriar e tampar. Validade: 3 meses. **Contraindicação:** gravidez. **Efeito colateral e toxicidade:** dermatite de contato em pessoas sensíveis. Não ingerir ou comer o confrei devido ao risco de causar lesões no fígado.

Observação: devido ao aspecto geral da planta (forma, tamanho e, sobretudo, aspereza das folhas), o confrei não é confundido com outras espécies; no Brasil é comum encontrar a variedade de flores brancas a lilases, mas na Europa as flores assumem tons bem mais vivos (à direita, Szentendre, Hungria e Salzburgo, Áustria).

Copaíba

Nome Específico: *Copaifera langsdorffii* Desf.
Família: Fabaceae (= Leguminosae)

Outros nomes populares: pau-de-óleo, copaíba-da-várzea e copaíba-vermelha.
Origem e História: natural da Amazônia (Brasil, Venezuela, Guianas e Colômbia), pode ser encontrada também nos estados de Minas Gerais, São Paulo e Paraná e nas partes mais úmidas da região Nordeste do Brasil. É utilizada por várias tribos indígenas e curandeiros dessas regiões.
Descrição: árvore de 10-40m de alt., copa muito ampla, casca rugosa pardacenta, madeira avermelhada; folhas alternas, paripinadas, com folíolos coriáceos; flores brancas ou amarelo-esverdeadas em densas inflorescências; fruto legume com uma única semente com arilo amarelo. **Floração:** inverno. **Manejo:** natural de florestas, não é cultivada. **Propagação:** sementes. **Parte usada:** resina oleaginosa extraída do tronco.

Uso medicinal popular: uso oral da resina oleaginosa, com comprovada a ação anti-inflamatória da mucosa gástrica, em inflamação, infecção urinária e incontinência urinária ("urina solta"). Atenua a inflamação da garganta, tosse e bronquite. Uso em gastrite e disenteria. Aplicação em feridas na pele, acne, psoríase, coceiras e picadas de insetos.
Modo de usar: resina: tomar 1 colher de café de resina, não gelada, 2 vezes ao dia. Aplicar algumas gotas em ferimentos ou pele afetada. Em caso de feridas limpar antes da aplicação. **Contraindicação:** uso oral: gravidez, amamentação e crianças.
Efeito colateral e toxicidade: altas doses podem causar náusea, vômitos, diarreia e depressão do sistema nervoso central. **Interação medicamentosa:** não há relatos no modo indicado.

Observação: outras espécies de *Copaifera* também são empregadas com a mesma finalidade e a distinção entre as espécies não é fácil, exigindo a ajuda de um especialista; na nossa região, no entanto, a espécie aqui abordada é a mais frequente e mais detalhes são apresentados nessas fotos para auxiliar o seu reconhecimento.

Dente-de-leão

Nome Específico: *Taraxacum officinale* Weber ex F.H. Wigg.
Família: Asteraceae (= Compositae)

Outros nomes populares: chicória-silvestre, salada-dos-pobres e taraxaco.
Origem e História: nativo da Europa e Ásia, era cultivado nos jardins dos monastérios medievais como alimento e medicinal. No Brasil é invasora ("mato") em gramados e plantações. As folhas são consumidas em saladas em algumas regiões.
Descrição: erva com caule muito reduzido, látex ("leite"), raízes de até 40cm; folhas rosuladas, simples, profundamente serreadas; flores pequenas, liguladas, amarelas reunidas em capítulos, com hastes de até 30cm; fruto seco com uma semente e cálice persistente plumoso (cipsela). **Floração:** primavera. **Manejo:** planta rústica, não necessita de cuidados e pode virar espécie infestante ("daninha"). **Propagação:** sementes e divisão de touceiras. **Partes usadas:** planta inteira.

Uso medicinal: chá de planta inteira para pressão alta, diabetes melito tipo 2 e gota. Melhora a inflamação das vias urinárias e do intestino (colite). É tônico para fígado e pâncreas. Aumenta a produção da bile e sua excreção. Previne pedra nos rins e o câncer. O chá de raízes auxilia a flora intestinal (bifidobactérias).
Modo de usar: chá (infusão): colocar 1 copo de água fervente em 1 colher sopa de planta picada, tampar por 5 min. e tomar 1 copo, 3 vezes ao dia. Culinária: folhas novas como salada, pois são ricas em vitaminas A, B e C, e minerais como ferro e tem alta dose de potássio. **Contraindicação:** gravidez, úlcera gástrica, pedra na vesícula e refluxo gastresofágico. **Efeito colateral e toxicidade:** pode ocorrer queda de pressão arterial. **Interação medicamentosa:** potencializa os efeitos de medicamentos para diabetes e pressão alta.

Observação: pela planta e pelos frutos poderia ser confundido com a língua-de-vaca, *Chaptalia nutans* (à esquerda) cujas folhas não são tão recortadas e as flores são róseas; já a serralha, *Sonchus oleraceus*, tem folhas e inflorescências parecidas com as do dente-de-leão, porém, tem caule aéreo bem desenvolvido, a haste (à direita).

Dokudami

Nome Específico: *Houttuynia cordata* Thunb.
Família: Saururaceae

Outros nomes populares: planta-peixe e erva-camaleão.
Origem e História: natural do Japão, China, Vietnã e Laos sendo encontrado às margens de rios. Usado no Japão como desintoxicante e na China para dar sabor aos pratos salgados. Dokudami, em japonês, significa "eliminador de veneno".
Descrição: erva perene, caule liso, avermelhado, 20-50 cm de alt., ornamental; folhas alternas, cordiformes, odoríferas (odor de peixe); flores verdadeiras pequenas, amarelas em espigas com 4-5 brácteas brancas, semelhantes a pétalas; fruto capsular com muitas sementes. **Floração:** primavera-verão. **Manejo:** prefere locais a meia sobra, solo úmido e fértil. **Propagação:** estaquia de ramos e sementes. **Partes usadas:** folhas e parte aérea (planta toda sem raízes).

Uso medicinal popular: chá das folhas como desintoxicante. Chá de planta sem raízes para pressão alta, febre, má digestão e prisão de ventre. Garrafada de folhas para picada de inseto, coceiras, lesões pequenas e superficiais da pele.
Modo de usar: chá (infusão): colocar 1 copo de água fervente sobre 1 colher de sopa de folhas picadas e tomar 2 vezes ao dia, 1 vez ao mês. Chá (infusão): colocar 1 copo de água fervente sobre 1 colher de sopa de planta, tampar por 10 min., coar e tomar 1 copo 3 vezes ao dia. Garrafada: picar 1 copo de folhas, colocar em frasco escuro e cobrir com 1 copo de cachaça, deixar 90 dias na geladeira, coar e aplicar na pele 3 vezes ao dia. Validade: 1 ano. Folhas maceradas: podem ser aplicadas diretamente na pele. **Contraindicação:** gravidez e amamentação. **Efeito colateral, toxicidade e interação medicamentosa:** não há relatos no modo indicado.

Observação: pela ramagem poderia ser confundida com certas variedades de batata-doce, *Ipomoea batatas*, família Convolvulaceae (à esquerda); a forma das folhas lembra às da forração ornamental *Solanum violaefolium*, família Solanaceae (à direita); dokudami, entretanto, tem folhas aromáticas (odor de peixe).

 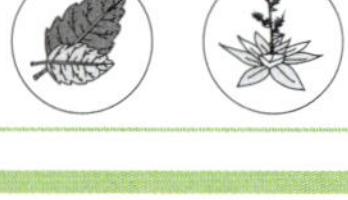 

Embaúba

Nome Específico: *Cecropia pachystachya* Trécul
Família: Urticaceae

Outros nomes populares: embaúva, umbaúba, torém e pau-de-preguiça.
Origem e História: sul-americana da Amazônia e da Mata Atlântica, mas, presente em todos os biomas brasileiros. As folhas são usadas pelos indígenas como bronco dilatador e antisséptico, e o látex do caule para cauterizar feridas. Possui associação com formigas que a protegem e é alimento predileto do bicho-preguiça.
Descrição: árvore perene, tronco cinza, oco, até 30m de alt.; folhas alternas, palminérvias, palmatilobadas, 8-10 lobos, longo-pecioladas, estípulas apicais; flores minúsculas, reunidas em espigas, que por sua vez estão em feixes; frutos pequenos, suculentos. **Floração:** setembro-outubro. **Manejo:** prefere solos úmidos. Devido ao ciclo de alguns anos, mudas novas devem ser sempre produzidas. **Propagação:** sementes. **Partes usadas:** folhas, frutos e brotos.

Uso medicinal: chá de folhas para pressão alta, asma e diabetes melito tipo 2. É tônico para o coração. Xarope de folhas, fruto e brotos para asma e bronquite.
Modo de usar: chá (infusão): colocar 1 copo de água fervente sobre 2 colheres de sopa de folhas picadas, tampar por 10 min., coar e tomar 1 copo 2 a 3 vezes ao dia. Xarope: dissolver 1 copo de açúcar em meio copo de água até o ponto de calda fina, acrescentar 1 copo de folhas novas, brotos e frutos picados, misturar, tampar e manter em fervura por 3 min., repousar por meia hora e coar. Adulto: tomar 1 colher de sopa 3 vezes ao dia; de 2 a 6 anos, 1 colher de chá 3 vezes ao dia; de 7 a 12 anos, 1 colher de sobremesa 3 vezes ao dia. **Contraindicação:** gravidez, amamentação e pressão muito baixa. **Efeito colateral:** sonolência. Diabéticos e hipertensos devem usar sob supervisão médica. **Interação medicamentosa:** com digitálicos.

Observação: outras espécies de *Cecropia*, como *Cecropia glaziovii*, a embaúba-vermelha (à esquerda e à direita), também são usadas da mesma forma apesar de nãos serem tão estudadas; o nome popular dessa espécie se deve à coloração vermelha dos brotos (estípulas apicais e folhas jovens) e das nervuras de folhas jovens.

Erva-baleeira

Nome Específico: *Varronia curassavica* Jacq.
Família: Boraginaceae

Outros nomes populares: erva-sazón, cordia, erva-preta e maria-milagrosa.
Origem e História: nativa do Brasil em áreas abertas de todo litoral, podendo ser encontrada em matas de interiores. É usada pelos caiçaras devido às suas propriedades anti-inflamatórias e analgésicas.
Descrição: arbusto ou arvoreta, até 2m de alt., muito ramificado; folhas simples, alternas, elípticas a lanceoladas, 5-9cm de compr., muito aromáticas (odor de caldo de carne); flores pequenas, brancas dispostas em inflorescências terminais, escorpioides; frutos baga, esféricos, vermelhos contendo uma semente. **Floração:** agosto-novembro (março-maio, no Nordeste). **Manejo:** prefere solos arenosos e úmidos em pleno sol. **Propagação:** sementes e estacas de ramos. **Partes usadas:** folhas (frescas e secas).

Uso medicinal: o chá das folhas auxilia no tratamento de artrite, contusões e fibromialgia. O óleo (oleato) é usado para massagem em áreas dolorosas; também pode ser aplicado em escaras, feridas superficiais da pele e mucosas não infectadas.
Modo de usar: chá (infusão): colocar 1 copo de água fervente em 8 a10 folhas frescas picadas, tampar por 5 min., coar e tomar 1 copo 3 vezes ao dia, em casos de dores crônicas. Para dores agudas, tomar de 2 em 2 horas, espaçando com a melhora. Óleo (oleato): colocar 1 copo de óleo de girassol sobre 2 copos e meio de folhas secas (25g) em banho-maria por 3 horas, coar e guardar em frascos escuros e fervidos com validade para 6 meses; massagear as áreas afetadas 3 vezes ao dia.
Contraindicação: uso interno: gravidez. **Efeito colateral e toxicidade:** não há relatos na forma e dose indicada.

Observação: apesar de serem encontradas outras espécies desse gênero nas matas e capoeiras brasileiras, como *Varronia sessilifolia* (à esquerda) e *Varronia globosa* (à direita) com porte e folhas semelhantes à erva-baleeira, o odor característico desta última (semelhante a caldo de carne) a distingue facilmente das demais.

Erva-cidreira

Nome Específico: *Melissa officinalis* L.
Família: Lamiaceae (= Labiatae)

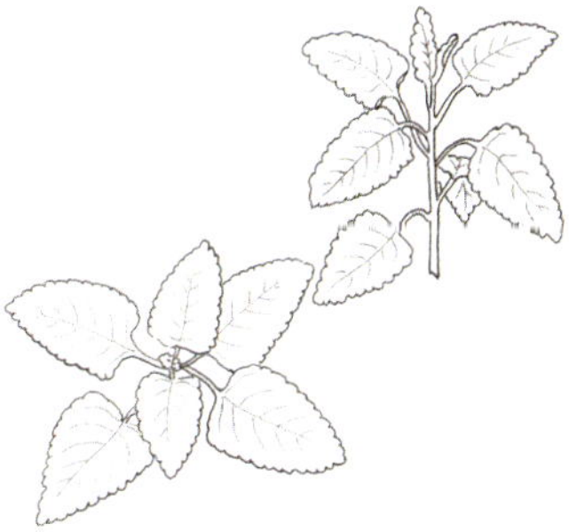

Outros nomes populares: melissa e cidreira-verdadeira.
Origem e História: originária da Europa e Ásia encontra-se bem adaptada no Brasil. Desde a antiguidade os árabes a usam contra ansiedade e depressão.
Descrição: erva perene, rasteira com hastes eretas; folhas simples, opostas, pilosas, margens crenadas (dentes arredondados), muito aromáticas; flores brancas, bilabiadas, em longas inflorescências; fruto seco com quatro sementes, envolto pelo cálice persistente. **Floração:** não floresce no Brasil. **Manejo:** apresenta melhor crescimento em locais parcialmente sombreados, solos úmidos, bem drenados e ricos em matéria orgânica. **Propagação:** estaquia de ramos e divisão de touceiras. **Partes usadas:** folhas (colhidas a partir das 10 horas).

Uso medicinal: chá para ansiedade, insônia, melancolia, depressão leve. Útil em enxaqueca de fundo nervoso ou digestivo. Alivia dores de nevralgias dentárias e faciais, favorece a digestão e auxilia no controle de pressão alta.
Modo de usar: chá (infusão): colocar 1 copo de água fervente em 2 colheres de folhas frescas picadas, tampar por 5 min. e coar. Adulto: tomar 1 copo de manhã e à noite. Crianças de 7 a 12 anos: 1 xícara de café duas 2 vezes ao dia. Em depressão leve, acrescentar 1 colher de sobremesa de folhas de alecrim ao chá da manhã.
Contraindicação: gravidez, amamentação e hipotireoidismo. **Efeito colateral e toxicidade:** altas doses causam queda de pressão arterial, sonolência e relaxamento. **Interação medicamentosa:** inibe hormônios tireoidianos sintéticos e potencializa os antitireoidianos.

Observação: apesar de não florescer no Brasil, a erva-cidreira floresce na primavera europeia (à esquerda, Paris, França); o nome "cidreira" (sem outros adjetivos) é inadequadamente empregado para o capim-santo, *Cymbopogon citratus*, família Poaceae (ou Gramineae) e para a cidreira-em-rama, *Lippia alba*, família Verbenaceae (à direita).

Erva-de-bicho

Nome Específico: *Polygonum hydropiperoides* Michx.
Família: Polygonaceae

Outros nomes populares: pimenta-do-brejo, capiçoba e persicária.
Origem e História: nativa do continente americano está distribuída no Sul, Sudeste e Centro-Oeste do Brasil. Seu nome surgiu da crença de a erva seria capaz de matar bichos que causariam hemorroidas.
Descrição: erva anual ou perene, paludosa (brejo) a aquática, ramos avermelhados, nós salientes, 40-60cm; folhas simples, lanceoladas, nervuras avermelhadas; pequeno anel membranáceo envolvendo o caule (ócrea); flores pequenas, brancas ou rosadas, em panículas; fruto seco, muito reduzido. **Floração:** o ano todo, exceto no inverno. **Manejo:** prefere solos úmidos ou encharcados e ricos em matéria orgânica; muito rústica pode se tornar invasora. **Propagação:** sementes e estaquia de ramos. **Partes usadas:** folhas (às vezes toda parte aérea).

Uso medicinal popular: compressas e banhos em hemorroidas, fissura anal, herpes, feridas, erisipela e rachadura da pele. O chá é depurativo, reduz o ácido úrico e diminui a fragilidade capilar. Útil em casos de ascaridíase (lombriga), giardíase, amebíase e oxiuríase.
Modo de usar: compressas e banhos: colocar 1 litro de água fervente em 10 colheres de sopa de planta, tampar 10 min. e coar. Chá (infusão): colocar 1 copo de água fervente em uma colher de sobremesa de folhas e ramos picados, tampar por 10 min. e coar. Adulto: tomar 1 copo 3 vezes ao dia. Crianças de 7 a 12 anos: tomar meio copo 3 vezes ao dia. **Contraindicação:** gravidez, amamentação e crianças menores de 7 anos. **Efeito colateral e toxicidade:** dose alta pode irritar as mucosas. Não usar por tempo prolongado.

Observação: a erva-de-bicho é facilmente identificável devido às ócreas (à esquerda); outras espécies do gênero que ocorrem no Brasil incluem *Polygonum bistorta*, a bistorta, com flores rosadas, de regiões mais frias e *Polygonum acuminatum*, a capiçoba ou erva-de-bicho-gigante (ambas à direita), com usos medicinais diferentes.

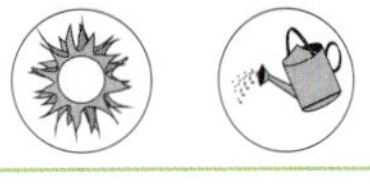

Erva-de-santa-maria

Nome Específico: *Chenopodium ambrosioides* L.
Família: Amaranthaceae

Outros nomes populares: ambrosia, mastruz e erva-lombrigueira.
Origem e História: planta mexicana usada como remédio caseiro no mundo todo. Espontânea no Sul e Sudeste do Brasil, às vezes é cultivada em hortas. Sob colchão e lençóis, e locais de repouso de animais, repele pulgas, percevejos e outros parasitas.
Descrição: erva anual, ereta, aromática, até 1m de alt.; folhas simples, alternas, de tamanhos e formas diferentes, margens recortadas; flores pequenas, verdes; frutos pequenos, esféricos com uma semente. **Floração:** maio-dezembro. **Manejo:** não requer cuidados, mas solos estercados geram plantas mais vigorosa. **Propagação:** sementes. **Partes usadas:** parte aérea (caule com folhas, flores e frutos).

Uso medicinal popular: com leite para lombriga, amarelão e oxiúrio. Suco para eliminar *Helicobacter pylori* (bactéria estomacal). Auxilia o tratamento de osteoartorse e osteoporose. Macerado em caso de bicho-geográfico e contusões.
Modo de usar: Preparado com leite: 1 copo de leite fervente em1 colher de sopa de parte aérea; tampar por 10 min., coar e tomar em jejum, 1 vez ao dia por 3 dias. Adulto: 1 copo. Crianças de 7 a 12 anos: 1 xícara de café. Suco: bater no liquidificador 1 colher de sopa cheia de parte aérea com 1 copo de água. Adulto: tomar 1 copo ao dia para *Helicobacter pylori* por 30 dias. Macerado: pilar 3 colheres de sopa da parte aérea, colocar entre gaze ou pano e aplicar sobre a lesão. **Contraindicação:** gestantes, lactantes e menores de 7 anos, pessoas debilitadas, portadoras de doenças do rim e do fígado. **Efeito colateral e toxicidade:** altas doses podem provocar náusea, vertigem, cefaleia, vômitos e convulsões. Fazer o uso da planta apenas 2 vezes ao ano.

Observação: devido ao seu odor característico a erva-de-santa-maria não é confundida com outras; no mesmo gênero estão *Chenopodium album* (à esquerda), a ansarina-branca, que tem outros usos medicinais, além de *Chenopodium quinoa* (à direita), a quinoa, grão originário dos Andes e muito difundido atualmente.

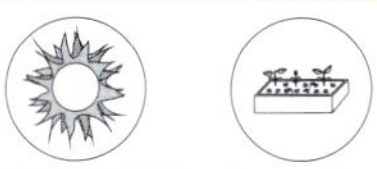

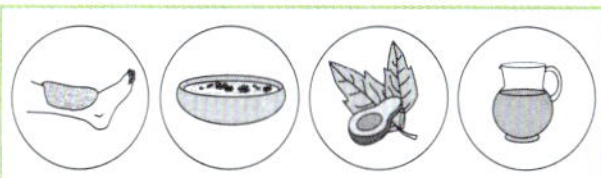

Espinheira-santa

Nome Específico: *Maytenus aquifolia* Mart.
Família: Celastraceae

Outros nomes populares: cancerosa, maiteno e espinho-de-deus.
Origem e História: originária do Brasil, é encontrada nas regiões Sul e Sudeste, e usada pelos índios para o tratamento de tumores.
Descrição: árvore ou arbusto, até 5m alt., esgalhadas ou formando copa densa; folhas simples, coriáceas, brilhantes, margens espinescentes; flores pequenas, amarelo-esverdeadas; fruto cápsula, laranja a ferrugíneo, sementes pretas com arilo branco. **Floração:** agosto-outubro. **Manejo:** prefere solos úmidos, bem drenados, ricos em matéria orgânica e locais semi-sombreados, não tolera insolação direta e tem crescimento lento. **Propagação:** sementes (sem o arilo). **Partes usadas:** folhas.

Uso medicinal: chá para úlcera do estômago, gastrite, má digestão, refluxo gastroesofágico e intestino preso. Tratamento para portadores de *Helicobacter pylori* (bactéria estomacal).
Modo de usar: chá (infusão): colocar 1 copo de água fervente em 1 colher de sopa das folhas picadas, tampar por 10 min. e coar. Em gastrite, úlcera de estômago e distúrbios causados por *Helicobacter pylori*, tomar 1 copo antes das refeições durante 30 dias, 3 vezes ao dia. Contra má digestão, tomar após as refeições. Tomar 3 a 4 vezes ao dia durante 2 meses em caso de refluxo gastroesofágico. A droga vegetal é vendida no comércio na forma de cápsula de 380 mg e 500 mg. Planta bem tolerada na forma de infusões. **Contraindicação:** gravidez, amamentação e crianças. **Efeito colateral e toxicidade:** pode diminuir a lactação em uso prolongado.

Observação: ao menos 2 espécies de *Maytenus* são denominadas espinheiras-santas (*M. ilicifolia* e *M. aquifolia*, transferidas para o gênero *Monteverdia*); as "falsas" como o canxim, *Pachystroma ilicifolia*, fam. Euphorbiaceae (à esquerda) e a capicirica ou cincho, *Sorocea bonplandii*, fam. Moraceae (à direita), têm "leite".

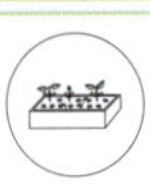

Estévia

Nome Específico: *Stevia rebaudiana* (Bertoni) Bertoni
Família: Asteraceae (= Compositae)

Outros nomes populares: stévia, capim-doce e açúcar-verde.
Origem e História: nativa do Paraguai e encontrada no Brasil (Paraná e Mato Grosso do Sul). Os índios guaranis utilizam suas folhas para adoçar o chá mate.
Descrição: planta herbácea, ereta, ramificada, perene, podendo atingir até 1m de alt.; folhas, opostas, simples, obovadas a rômbicas, margens serreadas, muito adocicadas; flores pequenas, tubulosas, brancas, reunidas em pequenos capítulos; fruto seco, indeiscente com uma semente. **Floração:** verão. **Manejo:** prefere solos úmidos, drenados e ricos em matéria orgânica; após 5 meses, deve-se cortar os ramos a 2 cm do solo antes da floração e secá-los ao sol até ficarem quebradiços e então. Por fim, retiram-se as folhas. **Propagação:** estaquia de ramos e sementes.
Partes usadas: folhas.

Uso medicinal: chá de folhas para auxiliar no tratamento de diabetes melito tipo 2 e pressão alta. É diurética e hipoglicemiante. Adoçante natural de baixa caloria para obesos e diabéticos. Previne cáries ao proteger os dentes contra os germes da placa bacteriana.
Modo de usar: chá (infusão): em 1 colher de chá de folhas secas colocar 1 copo de água fervente, tampar por 10 min., coar e tomar 2 vezes. Chá diurético composto (infusão): colocar 1 copo de água fervente em 1 colher de chá de folhas secas bem picadas e 1 colher de chá de folhas novas de abacate, tampar por 10 min., coar, tomar de manhã e à tarde. Culinária: adoçante caseiro: folhas secas trituradas em pó. **Contraindicação:** chá para grávidas. **Efeito colateral e toxicidade:** não há relatos no modo indicado. Planta bem tolerada.

Observação: a estévia não é confundida com outras plantas, devido ao sabor muito adocicado das folhas; no Brasil, o cipó-doce, *Lippia dulcis*, da família Verbenaceae (fotos à esquerda e à direita), é usado como adoçante; apesar de ser parente é bem diferente da cidreira-em-rama (*Lippia alba*), no hábito, odor e flores (inflorescências).

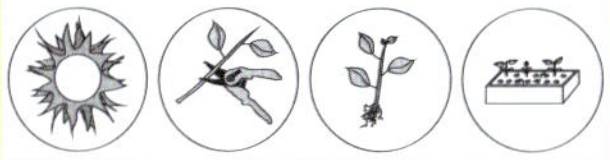

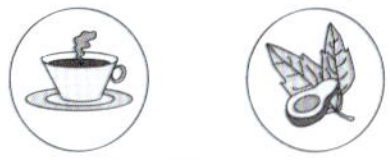

Fáfia

Nome Específico: *Pfaffia glomerata* (Spreng.) Pedersen
Família: Amaranthaceae

Outros nomes populares: ginseng-brasileiro, para-tudo, suma e batata-do-mato. **Origem e História:** nativa de São Paulo, Paraná e Mato Grosso do Sul, cresce em locais ensolarados, na orla das matas e áreas inundadas do cerrado. Também conhecida como para-tudo, é usada pelos indígenas para obter vitalidade e saúde. **Descrição:** erva perene, até 2m de alt.; ramos flexíveis e nodosos, raízes tuberosas; folhas simples, alternas, lanceoladas, de tamanho variável; flores em panículas (cachos compostos) de glomérulos, pequenas, escariosas (textura de palha), brancas; fruto seco, tipo utrículo, muito reduzido (menos de 1cm). **Floração:** setembro-julho. **Manejo:** planta rústica não requer tratos culturais, porém, cresce melhor em solos arenosos e com boa drenagem, a pleno sol. **Propagação:** sementes e estaquia de ramos. **Partes usadas:** raízes (4 anos após o plantio).

Uso medicinal: chá ou alcoolatura como tônico para cansaço físico e mental. Planta adaptógena, é indicada para melhorar atenção, memória e aprendizagem. Atenua os sintomas da menopausa, depressão, disfunção erétil e labirintite leve. **Modo de usar:** chá (decocção): durante 5 min. ferver 1 copo de água com 1 colher de sobremesa de fatias frescas de raiz ou 1 colher de chá de raiz seca triturada, coar e tomar 1 xícara 2 a 3 vezes ao dia. Alcoolatura: em 1 litro de álcool de cereais a 80%, colocar 200 g de raízes frescas fatiadas, macerar por 20 dias, filtrar e tomar de 1 a 3 gotas por kg de peso, dividido em 3 vezes ao dia, com meio copo de água. **Contraindicação:** gravidez e amamentação. Hipertensos e cardíacos necessitam de supervisão médica. **Efeito colateral e toxicidade:** dose alta pode causar insônia, cefaleia e nervosismo. **Interação medicamentosa:** com sais de ferro.

Observação: a fáfia, também conhecida como "ginseng-brasileiro" não deve ser confundida com o verdadeiro "ginseng" (*Panax ginseng*, uma araliácea, à esquerda - foto da Internet), que vem do leste asiático; o nome fáfia é usado para diversas espécies do gênero *Pfaffia*, como *P. paniculata* (à direita, muito usada na Fitoterapia).

  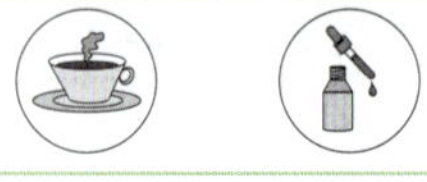

Folha-da-fortuna

Nome Específico: *Kalanchoe pinnata* (Lam.) Pers.
Família: Crassulaceae

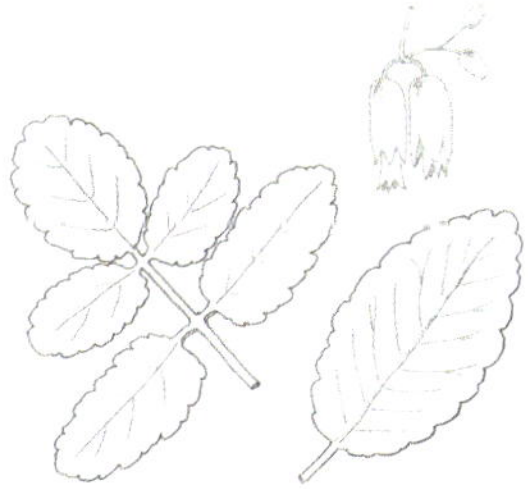  

Outros nomes populares: coirama, saião, folha-de-pirarucu e orelha-de-monge.
Origem e História: nativa da África tropical, muito cultivada no Brasil em jardins e quintais para fins ornamentais e medicinais.
Descrição: erva perene, suculenta, até 1m de alt. (floração); folhas opostas cruzadas, simples a compostas-pinadas, margens serreadas e onduladas; flores em cachos ramificados, cálices amarelos a rosas, corola vermelho carne; frutos compostos, frutículos foliculares de 1-1,5cm. **Floração:** dezembro-março. **Manejo:** locais à meia-sombra, solos arenosos e sem encharcamentos. **Propagação:** estaquia de folhas e ramos, e brotações basais. **Partes usadas:** folhas (frescas).

Uso medicinal popular: o suco é usado para gastrite e úlcera do estômago. Alivia a má digestão, gases intestinais, diarreia e pedra na vesícula. Chá para pedras nos rins, dificuldade para urinar e inchaço das pernas. Cataplasma de folhas aquecidas em furúnculo. Folhas maceradas em picadas de inseto, feridas e contusões.
Modo de usar: suco: bater no liquidificador 1 folha com 1 copo de água e tomar 1 copo antes refeições. Chá (infusão): colocar 1 copo de água quente sobre 2 colheres de sopa de folha picada, tampar 10 min., coar e tomar 3 vezes ao dia. Cataplasma: aquecer 1 folha em fogo baixo por 2 min., esperar amornar e colocar sobre o furúnculo durante 15 min., 2 vezes ao dia. Macerado: pilar bem 3 folhas lavadas, colocar entre panos limpos e aplicar sobre a lesão, fixando com atadura ou faixa.
Contraindicação: gravidez e amamentação. **Efeito colateral e toxicidade:** não há relatos no modo indicado. **Interação medicamentosa:** com cardiotônicos e depressores do sistema nervoso central.

Observação: em alguns jardins, se observa uma espécie similar: *Kalanchoe prolifera* (à esquerda), não medicinal; muitas vezes aparecem folhas de *Kalanchoe blossfeldiana*, a flor-do-papai (à direita), entre outras crassuláceas, como contaminantes de matéria-prima de folha-da-fortuna em farmácias de manipulação.

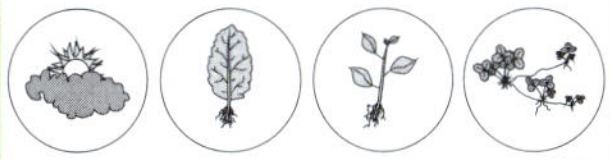  

Fuki

Nome Específico: *Petasites japonicus* (Siebold & Zucc.) Maxim.
Família: Asteraceae (= Compositae)

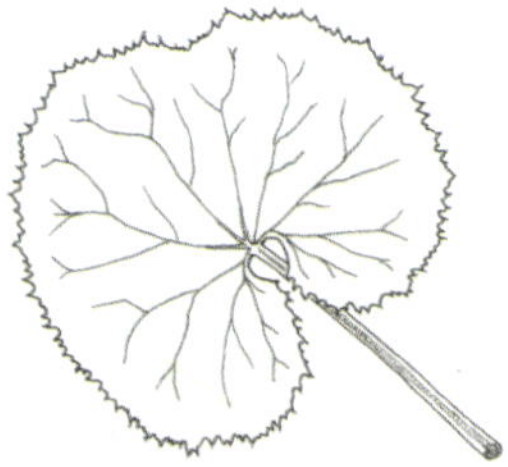

Outros nomes populares: carrapicho-japonês e ruibarbo-do-pântano.
Origem e História: originário das florestas e bosques úmidos da China, Península Coreana e Japão, país onde é cultivado também para fins culinários.
Descrição: erva perene, rizomatosa, até 30cm de alt.; folhas simples, longopecioladas, arredondadas, coriáceas, margens denteadas; flores branco -amareladas em capítulos que surgem em conjunto esférico, sobre uma longa haste ramificada que brota diretamente do rizoma, com brácteas verde-amareladas; fruto secos, tipo aquênio, com uma semente. **Floração:** setembro-outubro. **Manejo:** deve ser cultivado a meia-sombra e aprecia regas abundantes. **Propagação:** sementes e divisão por touceiras. **Partes usadas:** folhas.

Uso medicinal popular da cultura japonesa: caldo para náusea e vômito. Macerado de folhas para prevenção de derrame (Acidente Vascular Cerebral Isquêmico). De acordo com a tradição japonesa, ao tomar o macerado apenas uma vez na vida, a pessoa jamais teria derrame.
Modo de usar: caldo de folhas: fazer uma canja ou sopa e adicionar 2 folhas em pedaços. Macerado de folhas: preparar nesta sequência apresentada: clara bem batida de 1 ovo caipira, 3 colheres de café de caldo de 4 folhas de fuki picadas e maceradas, 3 colheres de café de saquê sem conservantes, 1 ameixa umeboshi (*Prunus mume*) sem semente conservada em sal, bem amassada, misturar e tomar. No preparo, usar copo de vidro ou vasilha de cerâmica. **Contraindicação:** gravidez. **Efeito colateral, toxicidade e interação medicamentosa:** não há relatos na dose indicada.

Observação: o fuki é uma espécie oriental que possui um parente europeu, *Petasites officinalis* (à esquerda, Milão, Itália), também empregado na fitoterapia, mas não encontrado no Brasil; o fuki japonês não deve ser confundido com a bardana, *Arctium lappa*, da mesma família, com folhas ainda maiores e não tão redondas (à direita).

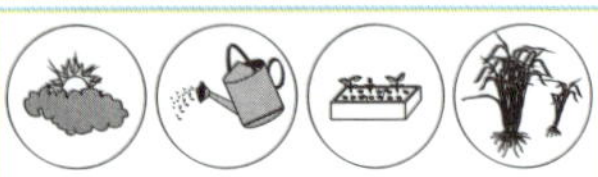

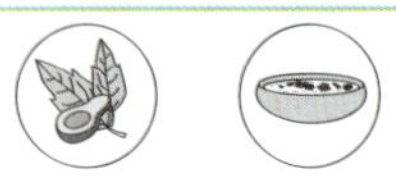

Funcho

Nome Específico: *Foeniculum vulgare* Mill.
Família: Apiaceae (= Umbelliferae)

Outros nomes populares: funículo e erva-doce-falsa.
Origem e História: originário do Mediterrâneo e cultivado para fins medicinais e culinários desde a Roma Antiga. No Brasil é consumido como chá para crianças em casos de cólicas e gases intestinais. Na culinária, é utilizado na produção de pães doces e bolos.
Descrição: subarbusto perene ou bianual, entouceirado, até 2m de alt.; folhas alternas, aromáticas, com bainhas, limbo reduzido a filamentos; flores pequenas, amarelas, dispostas em umbelas compostas; fruto oblongo, marrom quando maduros, 4mm de compr. **Floração:** primavera-verão. **Manejo:** prefere solos úmidos, irrigados e locais ensolarados, crescendo bem em condições diversas. **Propagação:** sementes (frutos, na verdade). **Partes usadas:** frutos ("sementes").

Uso medicinal: Tônico para fígado, estômago e intestinos. O chá de frutos (sementes) estimula o apetite e alivia cólicas intestinais e menstruais. Atua na má digestão, gases, azia e diarreia. Expectorante, é útil em casos de bronquite e tosse. Estimula a lactação.
Modo de usar: chá (infusão): colocar 1 copo de água fervente em 1 colher de café de sementes levemente esmagadas, tampar por 10 min. e coar. Adulto 1 copo 3 vezes ao dia. Crianças: de 7 - 12 anos, meio copo, 3 vezes ao dia e de 4 - 6 anos, 1 xícara de café 2 vezes ao dia. Para estimular lactação, tomar meio copo, 2 vezes ao dia. **Contraindicação:** grávidas, menores de 4 anos e pessoas com convulsão. **Efeito colateral e toxicidade:** dose alta pode causar irritabilidade. Evitar uso prolongado. **Interação medicamentosa:** com ciprofloxacino.

Observação: inadequadamente, o funcho tem sido denominado erva-doce, que na verdade, é outra espécie da mesma família, *Pimpinella anisum* (à esquerda, Siena, Itália), com flores brancas e folhas mais largas; já o funcho-doce, encontrado em mercado, tem folhas (bases) comestíveis (à direita, Grasse, França).

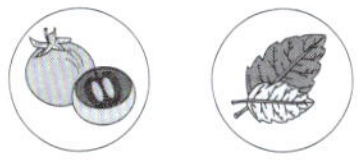

Gengibre

Nome Específico: *Zingiber officinale* Roscoe
Família: Zingiberaceae

Outros nomes populares: gingibre, mangarataia e marangatiá.
Origem e História: originário da Índia, China e Java, onde é muito utilizado na culinária; no Brasil é ingrediente do quentão nas festas juninas.
Descrição: erva rizomatosa, caules aéreos eretos, até 1m de alt., rizoma aromático e de sabor picante; folhas alternas dísticas, simples, lanceoladas; flores tubulares, amarelo-claras com labelo ("pétala") púrpura, em espigas eretas; fruto cápsula carnosa, sementes com arilo branco. **Floração:** inverno. **Manejo:** prefere solos arenosos bem drenados e ricos em matéria orgânica. **Propagação:** estaquia de rizomas. **Parte usada:** rizoma (erroneamente denominado "raiz").

Uso medicinal: chá para gripes, resfriados, tosse e febre. Atua em enjôos, vômitos, má digestão, intestino preso, gases intestinais e falta de apetite. Previne trombose. Alivia dores em artrite reumatoide. Gengibre cristalizado para rouquidão e inflamações da garganta e da boca.
Modo de usar: chá (decocção): ferver 1 copo de água, colocar 1 colher de sobremesa do rizoma fatiado, tampar, ferver por 5 min. em fogo baixo, coar e tomar 2 a 3 vezes ao dia antes das refeições para problemas digestivos. Gengibre cristalizado: em uma panela, colocar 1 copo de açúcar e 1 copo de gengibre cortado em cubos pequenos, misturar, manter em fogo baixo até a calda espessar (cerca de 18 min.), retirar do fogo e mexer rapidamente até açucarar. **Contraindicação:** gravidez, obstrução das vias biliares e sudorese excessiva. **Toxicidade:** dose alta pode causar irritação do estômago e da bexiga. **Interação medicamentosa:** sulfaguanidina. Potencializa anticoagulantes, hipoglicemiantes e hipotensores.

Observação: o gengibre é uma planta inconfundível, devido ao seu porte delicado, e ao seu rizoma de gosto e aroma caracteristicamente forte; encontra-se cultivado como flor de corte o gengibre ornamental (*Zingiber spectabilis*), usado também em paisagismo (à esquerda e à direita), bem mais robusto e com "flores" mais coloridas.

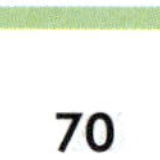

Gervão

Nome Específico: *Stachytarpheta cayennensis* (Rich.) Vahl
Família: Verbenaceae

Outros nomes populares: verbena-azul, mocotó, rincão e aguarapondá.
Origem e História: nativo do continente americano, ocorre espontaneamente no Brasil, com relatos do seu uso contra vermes desde 1898.
Descrição: subarbusto anual ou perene, muito ramificado, até 1m de alt., caule quadrangular; folhas simples, opostas, ovaladas, margens serreadas; flores azuis em inflorescências espigas terminais; fruto seco dividindo-se em partes (esquizocarpo), cada qual com uma semente. **Floração:** ano todo. **Manejo:** muito rústica, não requer cuidados especiais, mas prefere solos drenados, ricos e arenosos. **Propagação:** sementes e estacas. **Partes usadas:** planta toda.

Uso medicinal: chá (planta fresca ou seca) para asma, bronquite, sinusite, gripe, resfriado e febre. Atua contra a pressão alta, cistite, nefrite e previne pedra nos rins. Indicado para hepatite, pedra na vesícula, diarreia e cólica intestinal. Útil em casos de verminose (estrongiloidíase e oxiuríase). Uso em depressão leve, dependência química e insônia.
Modo de usar: chá (infusão): colocar 1 copo de água quente sobre 1 colher de sobremesa da planta fresca picada e tomar 2 a 3 vezes ao dia. Tintura (1:10):1 a 3 gotas por kg de peso, divididas em 3 doses em meio copo de água. **Contraindicação:** gravidez, amamentação e crianças. **Efeito colateral e toxicidade:** pode causar queda de pressão arterial postural (ao ficar em pé). Uso contínuo no máximo por 15 dias com intervalo de 7 dias. **Interação medicamentosa:** medicação para pressão alta.

Observação: outras espécies de *Stachytarpheta* ocorrem na nossa flora, como a dos campos rupestres de Minas Gerais (à esquerda), seu uso, porém, é desconhecido; da mesma família, a verbena, *Verbena rigida* (à direita), tem outros usos medicinais, mas inconfundível devido às flores mais rosadas e ao arranjo da inflorescência.

Ginkgo

Nome Específico: *Ginkgo biloba* L.
Família: Ginkgoaceae

Outros nomes populares: ginco, árvore-avenca e nogueira-do-japão.
Origem e História: originária da China e Japão, onde é plantada em templos sendo considerada árvore sagrada, símbolo da paz e longevidade. É muito cultivada como ornamental. Foi a primeira planta a brotar após a destruição provocada pelas bombas atômicas no Japão. Seus fósseis datam de mais de 250 milhões de anos.
Descrição: árvore de até 30 m de alt., caducifólia, dióica (plantas femininas e masculinas); folhas simples, flabeliformes (forma de leque), alternas; flores muito primitivas, sem atrativos; sementes carnosas, esféricas, alaranjadas (frutos não se formam). **Floração:** primavera. **Manejo:** prefere regiões mais frias, não é exigente, mas tem crescimento lento. **Propagação:** sementes e estaquia de ramos. **Partes usadas:** folhas (início do outono); chineses e japoneses consomem as sementes.

Uso medicinal: extratos padronizados ou chá das folhas para má circulação cerebral como labirintite, vertigem, tontura e zumbidos. Melhora a memória, concentração e aprendizagem. Ameniza sintomas do Mal de Alzheimer e demência senil. Auxilia no tratamento da retinopatia diabética e asma. Alivia dores nas pernas com má circulação sanguínea (claudicação intermitente).
Modo de usar: chá (infusão): colocar 1 copo de água fervente em 3 colheres de sopa de folhas picadas, descansar tampado por 10 min. e tomar 1 copo 3 vezes ao dia. Comprimidos e cápsulas comerciais, sob prescrição médica. **Contraindicação:** gravidez, amamentação, crianças e pacientes em radioterapia e convulsivos. **Efeito colateral:** cefaleia e queda de pressão arterial. **Interação medicamentosa:** varfarina, ácido acetil salicílico, omeprazol, nifedipina e estrogênios.

Observação: espécie inconfundível devido à forma de suas folhas em leque (flabeliformes), o ginkgo tem plantas femininas (flores à esquerda, Verona, Itália) e masculinas (inflorescências à direita, Stella, Espanha) que são preferidas para cultivo, pois as sementes maduras (de plantas femininas), são viscosas e têm odor desagradável.

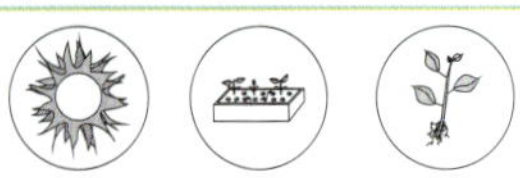

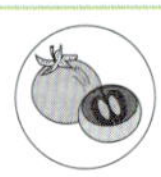

Goiabeira

Nome Específico: *Psidium guajava* L.
Família: Myrtaceae

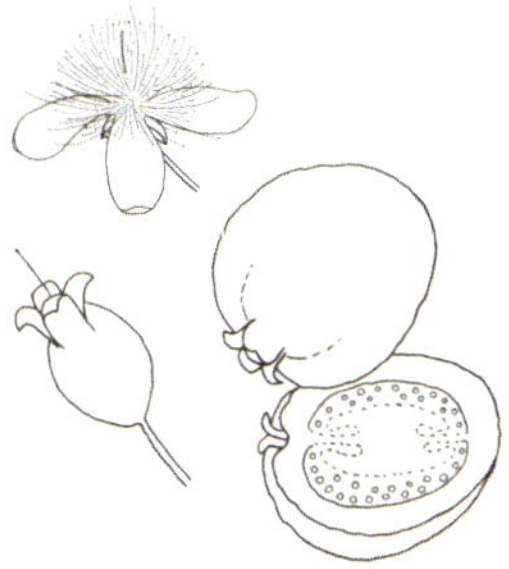

Outros nomes populares: pé-de-goiaba, guaiaba, guaíba e guava.
Origem e História: planta frutífera, americana, que ocorre naturalmente do México ao estado de São Paulo e cultivada em diversos países de clima tropical.
Descrição: árvore de copa aberta, tronco manchado, até 7m de alt.; folhas opostas, oblongas a elípticas, coriáceas e aromáticas; flores brancas, solitárias (às vezes em grupos), nas axilas das folhas; fruto baga, polpa doce, vermelha ou branca, com muitas sementes. **Floração:** setembro-novembro. **Manejo:** cresce em qualquer solo, mas prefere os bem drenados ricos em matéria orgânica em pleno sol. Para fins medicinais, deve ser podada e regada frequentemente, para estimular brotações. **Propagação:** sementes e estaquia de ramos. **Partes usadas:** folhas (jovens ou brotos, especialmente da goiabeira vermelha).

Uso medicinal: chá de brotos e folhas novas em diarreias por alimentos, bactérias, ameba, giárdia e rotavírus. Utilizar em casos de vômitos, cólicas intestinais e febre. Gargarejos com o chá para inflamação gengival. O fruto, rico em licopeno e vitamina C, previne câncer. Chá de folhas para diabetes melito 2 e obesidade.
Modo de usar: chá (infusão): colocar 1 copo de água fervente sobre 3 brotos picados, tampar por 10 min., coar e tomar 1 copo após cada crise de diarreia. Para crianças, chá de 1 litro de água fervente sobre 8 brotos, 1 colher de sopa de açúcar e 1 colher de café de sal. Oferecer em colheradas ou xícara de café, ao longo do dia, quanto a criança aceitar. Nas demais indicações tomar de 2 a 3 vezes ao dia.
Contraindicação: gestantes e amamentação. **Efeito colateral e toxicidade:** não há relatos no modo indicado.

Observação: a goiabeira é inconfundível com outras com outras árvores devido à forma e ao tronco manchado; é identificada até por crianças; o araçá, *Psidium cattleyanum* (à esquerda) e a gabiroba, *Campomanesia xanthocarpa* (à direita), também têm frutos comestíveis semelhantes a goiabinhas, e têm propriedades medicinais.

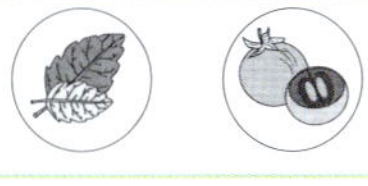

Gravioleira

Nome Específico: *Annona muricata* L.
Família: Annonaceae

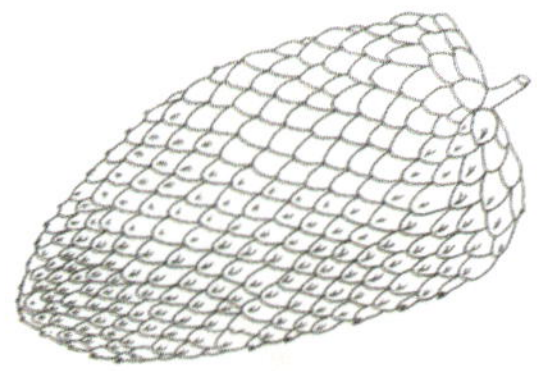

Outros nomes populares: jaca-de-pobre, coração-de-rainha e guanaba.
Origem e História: originária da América Central, principalmente das Antilhas é cultivada em todos os países de clima tropical. Introduzida no Brasil pelos portugueses no século XVI é muito frequente nas regiões Norte e Nordeste.
Descrição: árvore, copa redonda ou cônica, até 8m de alt.; folhas alternas, simples, oblongas, brilhantes; flores solitárias, pétalas espessas, amarelas; fruto composto, 10-30cm compr. e até 15cm larg., suculento, doce, sementes pretas. **Floração:** outubro-abril. **Manejo:** solo drenado e rico em matéria orgânica. **Propagação:** sementes, estaquia de ramos e enxertia. **Partes usadas:** folhas e frutos.

Uso medicinal: chá de folhas para pressão alta e tratamento auxiliar da diabetes melito tipo 2. Indicado para diarreia, cólica intestinal e inflamação das vias urinárias. Sedativo leve. Fruto comestível (*in natura*, suco ou sorvete) contém açúcar, tanino, pectinas e vitaminas A, C e complexo B. Pesquisas em Oncologia experimental revelam a ação antitumoral de suas folhas.
Modo de usar: chá (decocção): colocar 1 copo de água fervente em 1 colher de sopa de folhas picadas, tampar por 10 min. e tomar até 3 vezes ao dia. Culinária: suco: espremer 1 fruta média sem casca para 1 litro de água em uma vasilha funda. Em seguida, coar e diluir a gosto acrescentando água. **Contraindicação:** gestante, amamentação e portadores de pressão baixa. **Efeito colateral e toxicidade:** uso prolongado pode afetar a flora bacteriana. Altas doses causam náuseas, vômitos, sonolência e sedação. **Interação medicamentosa:** cardiodepressores, hipotensores e antidepressivos. Utilizar por no máximo 2 semanas.

Observação: *Annona* é um gênero complexo, que inclue pinhas e frutas-do-conde, além do marolo, *Annona dioica* (à esquerda) e o araticum, *Annona coriacea* (à direita), ambos do Cerrado, cujas folhas vêm sendo estudadas para tratar problemas de câncer. Gravioleira se parece com o araticum-cagão, *Annona cacans*.

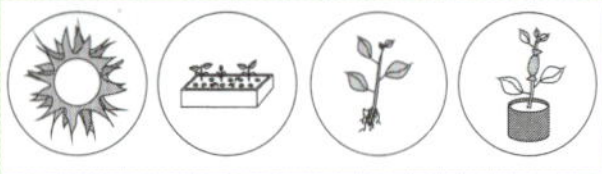
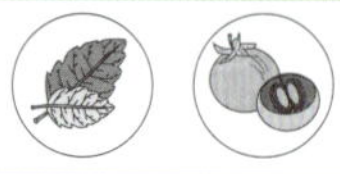

Guaçatonga

Nome Específico: *Caesaria sylvestris* Sw.
Família: Salicaceae

Outros nomes populares: chá-de-bugre, erva-das-dores e erva-de-lagarto.
Origem e História: originária da América tropical (do México à Argentina) ocorre em quase todo o Brasil. Os índios foram os primeiros a usar esta planta para cicatrizar feridas. Os caboclos dizem que os lagartos, quando picados por cobras, instintivamente se alimentam desta planta.
Descrição: árvore ou arvoreta, copa densa arredondada, 3–9 (até18) m alt.; folhas alternas, simples, elípticas a lanceoladas; flores pequenas, esverdeadas, melíferas, com forte odor de mel, em glomérulos; fruto deiscente, verde, duas a seis sementes, com arilo vermelho. **Floração:** julho-outubro. **Manejo:** planta silvestre, não domesticada, cresce em qualquer solo, preferencialmente em áreas sombreadas e úmidas. **Propagação:** sementes. **Partes usadas:** folhas (antes do florescimento).

Uso medicinal: chá para gastrite, úlcera gástrica, halitose, afta e retocolite ulcerativa. Banhos e compressas em feridas crônicas e herpes. Anti-inflamatório e analgésico em artrites e dores na coluna.
Modo de usar: chá (infusão): colocar 1 copo de água fervente sobre 1 colher de sopa de folhas frescas picadas, tampar por 10 min., coar e tomar durante as refeições para males digestivos. Nos demais casos, tomar 3 vezes ao dia. Banho, compressas e bochechos: colocar 1 litro de água fervente sobre 10 colheres de sopa de folhas, tampar por 10 min., coar e banhar as lesões até 3 vezes ao dia. Contra afta fazer o bochecho 3 vezes ao dia, após a escovação. **Contraindicação:** gravidez amamentação e crianças. **Efeito colateral e toxicidade:** seu uso prolongado pode favorecer hemorragias. **Interação medicamentosa:** com anticoagulantes.

Observação: à esquerda detalhes de flores e à direita, de frutos, da espécie aqui tratada; já foram propostas subespécies e diversas variedades para essa espécie; *Casearia decandra*, a guaçatonga-branca, semelhante à *C. sylvestris*, tem folhas mais largas e frutos maiores; o nome erva-de-lagarto também é usado para a arnica-lanceta.

Guaco

Nome Específico: *Mikania laevigata* Schultz Bip. ex Baker
Família: Asteraceae (= Compositae)

Outros nomes populares: erva-de-serpente, cipó-catinga e coração-de-jesus.
Origem e História: planta brasileira, nativa das regiões Sul e Sudeste e muito utilizado para doenças pulmonares. Certos povos indígenas o usavam para combater veneno de cobras.
Descrição: trepadeira perene, vigorosa, folhagem densa; folhas opostas, simples, ovato-deltoides (formas variadas), brilhantes; flores reduzidas, esbranquiçadas em capítulos, que por sua vez estão reunidos em panículas; fruto seco, indeiscente com uma semente. **Floração:** julho-agosto. **Manejo:** após 2 meses a muda deve ir para o local definitivo; preferencialmente locais de clima ameno, solo areno-argiloso, bem drenado, meia sombra, rico em matéria orgânica; necessita de suporte. **Propagação:** estaquia de ramos. **Partes usadas:** folhas (frescas).

Uso medicinal: chá ou xarope para gripes, resfriados, tosse, asma e bronquite.
Modo de usar: chá (infusão): colocar 1 copo de água fervente em 3 a 4 folhas frescas picadas, tampar por 5 min., tomar 2 a 3 vezes ao dia. Xarope: fazer uma calda fina com 1 copo e meio de água e 1 copo de açúcar, colocar 30 folhas picadas com a calda bem quente, misturar, desligar o fogo, tampar por meia hora e coar. Adulto: tomar 1 colher de sopa 3 vezes ao dia. Crianças de 7 a 12 anos - 1 colher de sobremesa 3 vezes ao dia; de 2 a 6 anos: 1 colher de chá, 2 vezes ao dia. **Contraindicação:** gravidez, amamentação, doenças hemorrágicas, dengue, fluxo menstrual intenso e menores de 2 anos. **Efeito colateral e toxicidade:** altas doses podem causar vômitos, diarreia e hemorragia. Usar no máximo por 10 dias. **Interação medicamentosa:** não usar com anticoagulantes.

Observação: o nome "guaco" é usado para espécies de *Mikania*, entre as quais a aqui apresentada e *M. glomerata* (à esquerda), com mesmos usos, cujas folhas, menos brilhantes, possuem na base duas expansões pontudas (hastada); outras, são conhecidas como guaco-cabeludo, entre as quais *M. micrantha* (à direita).

    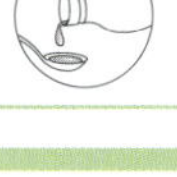

Guiné

Nome Específico: *Petiveria alliacea* L.
Família: Petiveriaceae

Outros nomes populares: amansa-sinhô, erva-gambá, erva-de-alho, erva-pipi e tipi.
Origem e História: originária da África e América Tropical, é encontrada em todo o Brasil. Os escravos a chamavam de amansa-sinhô. É usada contra mau olhado, banho de descarrego e curas espirituais.
Descrição: subarbusto perene, ramos eretos, cerca de 1m de alt., raízes espessadas; folhas alternas, simples, elípticas, fortemente odoríferas; flores pequenas, brancas em longos cachos arqueados, frutos secos, indeiscentes, com brácteas e pequenos ganchos. **Floração:** ano todo. **Manejo:** não necessita de cuidados especiais, embora prefira solo fértil e pouco ensolarado; torna-se planta de difícil erradicação, pois pequenos pedaços de raízes, deixados no solo, brotam e formam novas plantas. **Propagação:** sementes e estaquia de raízes. **Partes usadas:** raízes (principalmente) e folhas (secas).

Uso medicinal popular: compressa de raiz atua como potente anti-inflamatório para dores reumáticas, lombares e contusão. Gargarejo e bochecho com chá de folhas e raízes em casos de infecção e inflamação da boca e garganta.
Modo de usar: chá (decocção): ferver 2 colheres de sopa de raiz picada em meio litro de água durante 5 min., coar e fazer compressas 2 vezes ao dia. Chá (infusão): colocar 1 copo de água fervente em 1 colher de sopa de folha seca e 1 colher de sobremesa de raiz picada, tampar por 15 min., coar, fazer gargarejo e bochecho 2 vezes ao dia. **Contraindicação:** gravidez, amamentação e crianças. **Efeito colateral e toxicidade:** não há relatos para uso externo.

Observação: a espécie tem um odor tão forte e característico que não é confundida com nenhuma outra; alguns associam esse odor ao de alho e daí o nome da espécie; da mesma família é o pau-d'alho, *Gallesia integrifolia* (à esquerda e à direita) que tem um aroma muito semelhante ao do alho, especialmente em dias de chuva.

Hortelã-crespa

Nome Específico: *Mentha crispa* L.
Família: Lamiaceae (= Labiatae)

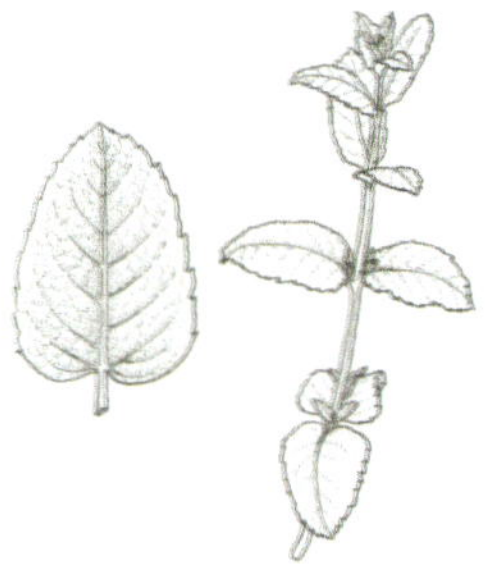

Outros nomes populares: hortelã-de-horta, hortelã-comum e menta-crespa.
Origem e História: originária da Ásia e Europa, a hortelã-crespa é uma das plantas com registro mais antigo conhecido, sendo cultivada desde a antiguidade por povos da Mesopotâmia e do Mediterrâneo.
Descrição: erva perene, ramos ascendentes de seção quadrada, 30-60cm de alt.; folhas opostas, ovaladas, simples, crespas, bordas serreadas, muito aromáticas e sabor refrescante; flores pequenas, brancas em espiga ramificadas; fruto seco, com quatro sementes, envolto pelo cálice. **Floração:** primavera (início). **Manejo:** prefere solo úmido rico em matéria orgânica, a meia sombra ou pleno sol. **Propagação:** estaquia de ramos e divisão de touceiras. **Partes usadas:** folhas.

Uso medicinal: chá para cólicas, dores e gases intestinais, má digestão, halitose, giardíase e amebíase. Atua como expectorante, antitussígeno e descongestionante em gripes e resfriados. Alivia febre e dores. Também é um ansiolítico leve.
Modo de usar: chá (infusão): colocar 1 copo de água fervente em 1 colher de sopa de folhas picadas, tampar por 5 min., coar e tomar após as refeições para facilitar a digestão. Nas demais indicações, tomar entre as refeições, de 3 a 4 vezes ao dia. Culinária: pode ser consumida em sucos, saladas, quibes e patês com moderação.
Contraindicação: gravidez, amamentação e portadores de refluxo gastresofágico.
Efeito colateral e toxicidade: raros casos de irritabilidade e insônia paradoxal.
Interação medicamentosa: potencializa reposição estrogênica.

Observação: as hortelãs são plantas do gênero *Mentha*, que possui inúmeras espécies, variedades e híbridos; a hortelã-crespa é a mais cultivada no Brasil; não deve ser confundida com a hortelã-do--campo, *Mentha arvensis* (à esquerda, Paris, França) e nem com a hortelã-branca, *Mentha suaveolens* (à direita, Paris, França).

Hortelã-da-folha-gorda

Nome Específico: *Plectranthus amboinicus* (Lour.) Spreng.
Família: Lamiaceae (= Labiatae)

Outros nomes populares: malvariço, malvarisco, hortelã-bahiana, hortelã-da-folha-grande e falso-orégano.
Origem e História: originária do Sul e Leste da África, é usada, especialmente, no norte do Brasil para tratar de gripes e resfriados.
Descrição: erva perene, rasteira com ramos ascendentes, 30-60cm de alt., aromática; folhas simples, ovaladas, margens denteadas, suculentas, quebradiças; flores azul-violáceas, labiadas em longos racemos; fruto seco, com quatro sementes, envolto pelo cálice. **Floração:** primavera-verão. **Manejo:** para uma melhor produção, deve ser replantada a cada 2 anos em solo bem drenado a pleno sol. Aprecia regas abundantes. **Propagação:** estaquia de ramos. **Partes usadas:** folhas (frescas).

Uso medicinal popular: xarope para tosse, dor de garganta, gripe e bronquite. Mastigar as folhas em casos de irritação da boca e da garganta. Folhas comestíveis.
Modo de usar: xarope: em uma panela esmaltada ou inox colocar 30 folhas frescas picadas intercaladas em camadas com meio copo de açúcar, aquecer em banho-maria durante 45 min., coar e guardar em frasco fervido e seco. Adulto: tomar 1 colher de sopa 3 vezes ao dia. Crianças de 7 a 12 anos tomar 1 colher de sobremesa 3 vezes ao dia; de 2 a 6 anos, 1 colher de chá 3 vezes ao dia. Culinária: uso como tempero de carnes, refogados e saladas. Folhas cortadas finas salteadas no azeite com alho e misturadas com macarrão. **Contraindicação:** gravidez e amamentação. **Efeito colateral, toxicidade e interação medicamentosa:** não há relatos no modo indicado.

Observação: essa espécie não é confundida com outras devido às suas folhas aromáticas, um tanto suculentas e quebradas com facilidade; há uma variedade *'variegata'* com folhas brancas e verdes, que é, além de medicinal, muito ornamental (à esquerda); apesar do nome popular é facilmente distinta das hortelãs, do gênero *Mentha* (à direita).

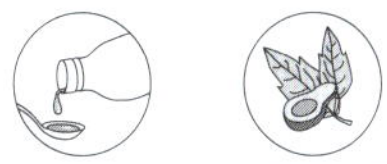

Hortelã-pimenta

Nome Específico: *Mentha* x *piperita* L.
Família: Lamiaceae (= Labiatae)

Outros nomes populares: hortelã-menta, alevante e menta.
Origem e História: é um hibrido natural (sem a mão do homem) entre *Mentha aquatica* L. e *Mentha spicata* L., duas hortelãs da Europa e Ásia e muito utilizado desde a antiguidade, por egípcios, hebreus, gregos e romanos.
Descrição: erva perene, rizomatosa, ramos eretos, até 30cm de alt., muito aromática, sabor picante; folhas opostas, simples, ovado-lanceoladas, margens finamente serreadas; flores pequenas, lilases em inflorescências eretas; frutos secos com quatro sementes, envoltos pelo cálice. **Floração:** agosto-outubro. **Manejo:** prefere solos arenosos bem drenados, úmidos e ricos em matéria orgânica, a meia sombra; recomenda-se o replantio a cada 6 meses, na primavera ou no outono. **Propagação:** divisão de touceiras ou estaquia de ramo. **Partes usadas:** folhas (colhidas antes da floração).

Uso medicinal: o mentol, principal componente do óleo essencial atua contra cólicas, gases intestinais, náuseas e vômitos (inclusive devido à quimioterapia). Digestivo, estimula o apetite. Uso em diarreia. Reduz a dor de cabeça tensional.
Modo de usar: <u>chá</u> (infusão): colocar 1 copo de água quente em 8 folhas frescas, tampar por 5 min., coar e tomar 3 vezes ao dia. Para males digestivos tomar após as refeições. **Contraindicação:** gravidez, amamentação e crianças menores de 2 anos. **Efeito colateral e toxicidade:** pessoas sensíveis podem ter insônia e irritabilidade. O uso do óleo essencial deve ser sob prescrição médica devido ao alto risco de intoxicação.

Observação: esse híbrido vem do cruzamento natural de *Mentha aquatica* (à esquerda, Paris, França) com *Mentha spicata* (à direita, Paris, França); possui folhas finas e sabor picante o que as distingue das demais hortelãs cultivadas no Brasil; devido à sua complexidade taxonômica, a identificação desse grupo é extremamente difícil.

Jambu

Nome Específico: *Acmella ciliata* (Kunth) Cass.
Família: Asteraceae (= Compositae)

Outros nomes populares: agrião-do-pará, agrião-bravo e jambu-açú.
Origem e História: nativo da região Amazônica, principalmente do Pará, é usado na culinária para o preparo do molho de tucupi.
Descrição: erva perene, prostrada, ramos ascendentes, 30-40cm de alt.; folhas opostas, simples, ovadas a triangulares, margens serreadas; flores pequenas, tubulosas e liguladas, amarelas, dispostas em capítulos terminais, à semelhança de pequenas margaridas; fruto seco indeiscente com uma semente. **Floração:** ano todo. **Manejo:** cresce melhor em solos arenosos, estercados e com água em abundância. **Propagação:** sementes e estaquia de ramos. **Partes usadas:** folhas e "flores" (inflorescências, na verdade).

Uso medicinal popular: chá das folhas para má digestão, intestino preso e falta de apetite. Previne o envelhecimento precoce. As flores anestésicas são usadas para dor de dente, inflamação das gengivas e aftas. O consumo da planta fresca (*in natura*) é indicado para anemia.
Modo de usar: chá (infusão): colocar 1 copo de água quente em 8 folhas frescas e algumas flores, tampar por 10 min., coar e tomar 3 vezes ao dia. Para males digestivos tomar após as refeições. Culinária: ricas em ferro, fósforo, vitaminas A, C, B1, B2, C, fibras e proteínas, suas folhas são ingredientes em pratos do da região Norte e saladas. **Contraindicação:** gravidez, amamentação e crianças menores de 2 anos. **Efeito colateral e toxicidade:** raras ocorrências de insônia e irritabilidade. **Interação medicamentosa:** não há relatos no modo indicado.

Observação: no Estado de São Paulo essa espécie é erroneamente denominada *Acmella oleracea* (à esquerda, Varanasi, Índia); ambas, porém, têm os mesmos usos; em São Paulo também é encontrado o denominado "jambu-rasteiro" (à direita), cuja espécie ainda não foi identificada (provavelmente, *Acmella uliginosa*).

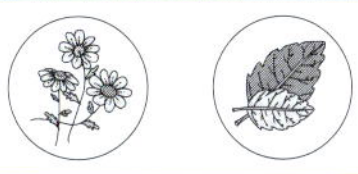

Jarancim

Nome Específico: *Kalanchoe gastonis-bonnieri* Raym.-Hamet & H. Perrier
Família: Crassulaceae

Outros nomes populares: fortunão, saião e planta-da-vida.
Origem e História: originária de Madagascar, foi trazida para a Amazônia no século 19, durante o ciclo da borracha.
Descrição: erva perene ou bianual, suculenta, até 1m alt. quando florida; folhas opostas cruzadas, simples, **lanceoladas a espatuladas, margens crenadas (serreado arredondado), frequentemente com brotações no ápice ou ao longo da margem; flores com cálice inflado rosa-avermelhado, corola amarela, reunidas em longas inflorescências; fruto seco, dividido em quatro partes (frutículos).** **Floração:** inverno.
Manejo: prefere solos drenados e arenosos, a pleno sol ou meia-sombra, rega uma vez por semana. **Propagação:** brotos laterais, propágulos aéreos (brotações foliares) e estaquia de folhas. **Partes usadas:** folhas (com 6-8 meses).

Uso medicinal popular: seu suco reduz inchaço duro (linfedema) das pernas e pés. Tônico, fortalece e modula a imunidade em AIDS, lúpus, hepatite crônica e alergias. O sumo das folhas é usado em queimaduras, assaduras, picada de insetos, feridas de difícil cicatrização, frieira e psoríase. Pesquisa cromatográfica revela a presença de alcaloides, compostos fenólicos e terpenos.
Modo de usar: suco: bater no liquidificador meio copo de folhas com meio copo de água, coar e tomar 3 vezes ao dia. Cataplasma: picar meio copo de folhas, pilar, acrescentar 1 colher de sopa de água, espremer com pano limpo ou gaze e aplicar sobre a lesão. Culinária: folhas frescas picadas em saladas (no máximo meio copo ao dia). **Contraindicação:** uso interno: grávidas e amamentação. **Efeito colateral, toxicidade e interação medicamentosa:** não há relatos no modo indicado.

Observação: o gênero *Kalanchoe* engloba muitas espécies ornamentais; a espécie aqui tratada não deve ser confundida com o aranto, também medicinal com diversos usos, *Kalanchoe daigremontiana* (à esquerda), e nem com *Kalanchoe mortagei* (à direita), com folhas pintadas, que é ornamental e medicinal.

Jurubeba

Nome Específico: *Solanum paniculatum* L.
Família: Solanaceae

Outros nomes populares: jurubena, juvena, jupena e joá-manso.
Origem e História: planta nativa de quase todas as regiões do Brasil, cresce em terrenos baldios, pastagens e beiras de estradas. É muito usada (frutos) no dia a dia na forma de conserva, especialmente em áreas rurais.
Descrição: arbusto ou arvoreta, até 2,5m de alt., com espinhos; folha simples, elíptica, lobada, pilosa e com espinhos; flores brancas a lilases, em forma de estrela, reunidas em densas inflorescências terminais; fruto baga, esférico, verde-amarelados quando maduros, com numerosas sementes. **Floração:** ano todo. **Manejo:** planta muito rústica, porém, prefere solos bem drenados. **Propagação:** sementes. **Partes usadas:** folhas e frutos.

Uso medicinal popular: chá da folha ou fruto para estimular a digestão e as funções do fígado e da vesícula biliar. Reduz a gordura no fígado. Indicado para falta de apetite e fraqueza. Frutos em conserva reduzem os malefícios do álcool.
Modo de usar: chá (decocção): aquecer 1 copo até a fervura, colocar 1 colher de sopa de folhas picadas ou do fruto, manter em fervura por 5 min., coar e tomar 1 copo 3 vezes ao dia após as refeições. Culinária: conserva; ferver 1 copo de frutos maduros, trocar a água 2 vezes, esfriar e colocar vinagre até cobrir os frutos, 1 colher de chá rasa de sal, 1 folha de louro e 2 dentes de alho. Comer no máximo 6 frutos ao dia. **Contraindicação:** grávidas, lactantes (durante amamentação) e crianças. **Efeito colateral e toxicidade:** usar no máximo por 3 semanas. Fazer intervalo de 1 semana. Doses altas podem provocar confusão mental, vômitos e dor de estômago. **Interação medicamentosa:** não há relato no modo indicado.

Observação: o nome jurubeba, inclui a espécie aqui descrita e algumas outras do gênero como *Solanum asperolanatum*, de flores roxas (à esquerda); inadequadamente, também é empregado para o fumo-bravo, *Solanum martianum* (à direita), planta mais arbórea e com folhas prateadas, cujos usos são diferentes.

Losna

Nome Específico: *Artemisia absinthium* L.
Família: Asteraceae (= Compositae)

Outros nomes populares: absinto, erva-dos-vermes, erva-santa e amargosa.
Origem e História: originária da Europa, Ásia e norte da África é citada num papiro egípcio de 600 a.C. Na Grécia antiga era dedicada à Ártemis (Diana), deusa da fecundidade e da caça. Celtas e árabes a empregavam para males digestivos.
Descrição: erva perene, ereta, até 1m de alt., esbranquiçada, aromática, amarga; folhas alternas, simples, pinatipartidas (recortadas em forma de pena); flores tubulosas, amarelas, minúsculas, em capítulos e estes em cachos; frutos secos, minúsculos, com uma semente. **Floração:** primavera. **Manejo:** prefere solo bem drenado, não muito úmido. **Propagação:** estaquia de ramos. **Partes usadas:** folhas e pontas de ramos (como nas fotos acima à direita).

Uso medicinal: o chá ou vinho medicinal de folhas abre o apetite, atua na má digestão, diarreia e cólicas intestinais. Depurativa do fígado, estimula a produção da bile e vesícula biliar. Indicado para ascaridíase ("lombriga"), giardíase e ancilostomíase ("amarelão"), e como regulador da menstruação.
Modo de usar: chá (infusão): colocar 1 copo de água fervente em 1 colher de sopa de folhas, tampar por 5 min., coar e tomar 2 vezes ao dia, meia hora após as refeições em males digestivos. Vinho medicinal: colocar 3 ramos em vinho branco seco de 750 ml e macerar (descansar) durante 10 dias, coar e tomar 1 cálice após as refeições. **Contraindicação:** gravidez, amamentação e crianças. **Efeito colateral e toxicidade:** alta dose e uso prolongado podem causar vômitos, cólicas, dor de cabeça e confusão mental, portanto, o uso deve ser por curto período de tempo. **Interação medicamentosa:** com anticoagulante varfarina.

Observação: no Brasil existem 2 tipos de losna: uma mais baixa entouceirada com folhas maiores e mais largas (a espécie aqui tratada) e *Artemisia arborescens* (à esquerda), mais ereta, de folhas menores e empregada como inseticida; já a losna-branca, *Parthenium hysterophorus* (à direita), é apenas planta invasora ("mato").

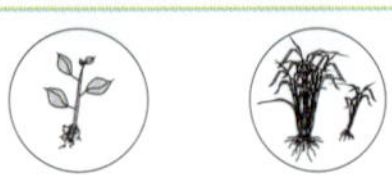
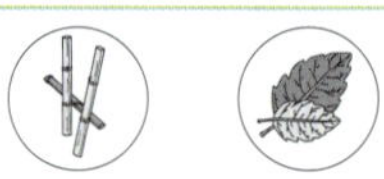
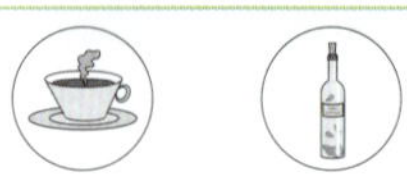

Louro

Nome Específico: *Laurus nobilis* L.
Família: Lauraceae

Outros nomes populares: loureiro e louro-dos-poetas.
Origem e História: originária do mediterrâneo é cultivada nas regiões Sul e Sudeste do Brasil e utilizada como tempero; usado na forma de coroa (folhas) pelos romanos como um prêmio, simbolizando glória e vitória.
Descrição: árvore ou arbusto, perene, dióica (plantas "fêmeas" e plantas "machos"; no Brasil, quase só plantas masculinas), até 4m alt.; folhas alternas, simples, elípticas, aromáticas; flores amarelo-esverdeadas reunidas em pequenos feixes; fruto drupa (suculento com caroço), que não se forma no Brasil. **Floração:** primavera. **Manejo:** prefere áreas de clima quente ensolarado e solos bem drenados; apesar de ser árvore, tem ciclo de apenas alguns anos. **Propagação:** estaquia de ramo ou alporquia. **Partes usadas:** folhas.

Uso medicinal: o chá alivia má digestão, gases e cólicas intestinais. Auxilia no tratamento de diabetes melito tipo 2. O banho com infuso reduz o mau cheiro do corpo por suor excessivo e fungos. Previne crises de enxaqueca. Massagens com óleo essencial para dores reumáticas e contusões.
Modo de usar: chá (infusão): colocar 1 copo de água fervente em 1 colher de sobremesa de folhas picadas, tampar por 10 min., coar e tomar 3 vezes ao dia. Em casos de males digestivos, tomar após as refeições. Banho: colocar 1 litro de água fervente em 5 colheres de folhas picadas, tampar por 10 min. e usar em banhos. **Contraindicação:** gravidez, amamentação e menores de 6 anos. **Efeito colateral e toxicidade:** folhas usadas como tempero não devem ser ingeridas. **Interação medicamentosa:** aumenta o efeito dos hipoglicemiantes e da insulina.

Observação: facilmente identificável, o loureiro cresce no Brasil, mas não fica tão magnífico como em sua região de origem (Mediterrâneo); deve-se lembrar que existem plantas masculinas (no alto da página) e femininas, cujas flores (à esquerda, Bomarzo, Itália) geram frutos com sementes (à direita, Atenas, Grécia - frutos jovens).

Mamoeiro

Nome Específico: *Carica papaya* L.
Família: Caricaceae

Outros nomes populares: pé-de-mamão, mamão-em-rama.
Origem e História: nativo da América Central recebeu dos espanhóis o nome de "mamoeiro", devido à semelhança dos frutos às mamas, tendo sido amplamente distribuído pela África e Ásia por espanhóis, portugueses e árabes.
Descrição: árvore perene de curta longevidade, dióicas (plantas "fêmeas" e plantas "machos" – que na verdade, são hermafroditas), latescentes, até 3m de alt., caule oco, geralmente sem ramificações, com cicatrizes foliares; folhas simples, palmadas, pecíolos longos e ocos; flores brancas em cachos longos (nas plantas masculinas) ou em inflorescências curtas (nas femininas); fruto baga, sementes numerosas, pretas. **Floração:** ano todo. **Manejo:** prefere solo areno-argiloso, com adubo orgânico ou verde. Necessita de irrigação sem encharcamento e pleno sol. **Propagação:** sementes. **Partes usadas:** fruto, sementes e flores.

Uso medicinal: fruto para má digestão e intestino preso. Chá de flores (mamão macho) para tosse e bronquite. Chá de sementes para verminose (oxiuríase e tricocefalíase).
Modo de usar: chá (infusão): colocar 1 copo de água fervente em 1 colher de sobremesa de flores, tampar por 10 min., coar e tomar 2 vezes ao dia. Chá (infusão): colocar 1 copo de água fervente sobre 10 sementes secas e trituradas, tampar por 10 min., coar e tomar 1 copo 2 vezes ao dia durante 3 dias. **Contraindicação:** gravidez e amamentação. **Efeito colateral e toxicidade:** raros casos de alergia respiratória. Usar por curto período. Não consumir fruto verde fresco. **Interação medicamentosa:** não há relato no modo indicado.

Observação: é uma das frutíferas mais conhecidas pelos brasileiros e não apresenta problemas de identificação; existem plantas "fêmeas" (à direita) e plantas "machos", ou mamão-em-rama (à esquerda) e que estas são as consideradas medicinais pelo povo; as "fêmeas" dão origem a frutos mais saborosos.

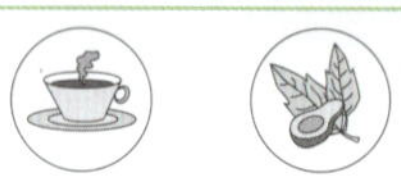

Mandacaru

Nome Específico: *Cereus jamacaru* DC.
Família: Cactaceae

Outros nomes populares: jamacaru, tuna, cardeiro e ságuaro.
Origem e História: nativo da Caatinga, e famoso pelo porte, formato e por acumular água em seu caule, resistindo a longos períodos de seca. Também é encontrado em formações florestais do Sudeste e do Centro-Oeste. Seu nome popular em tupi significa "árvore ou fruta de espinheiro que se come".
Descrição: árvore até 6m de alt., caule suculento, secção estrelada (número de abas variável), espinhos substituindo folhas (áfila); flores solitárias, grandes, brancas; fruto suculento, vermelho a laranja, que se abre quando maduro, com muitas sementes. **Floração:** verão. **Manejo:** muito rústico, cresce em qualquer solo e não requer tratos culturais. **Propagação:** sementes e estaquia de ramos. **Partes usadas:** ramos (sem "casca" e sem "miolo") e raízes; o fruto é comestível.

Uso medicinal popular: chá das raízes ou chá da parte interna dos ramos (devido à mucilagem) para pedra nos rins, inflamação das vias urinárias, reumatismo e diarreia. Xarope do tecido mucilaginoso do caule para tosse e bronquite. Suco da planta para aplicar em úlceras e infecção da pele.
Modo de usar: chá (decocção): ferver 1 colher de sopa de raiz em 1 copo de água por 5 min., coar e tomar 2 vezes ao dia. Chá (infusão): colocar 2 copos de água fervente em 3 colheres de sopa de ramos fatiados, tomar ao longo do dia sem coar. Xarope: dissolver 1 copo de água com 1 copo de açúcar, colocar 3 fatias picadas de ramo de 1,5 cm de espessura, manter em fogo baixo por 15 min., coar e tomar 1 colher de sopa 3 vezes ao dia. **Contraindicação:** gravidez. **Efeito colateral e toxicidade:** não há relatos na dose indicada.

Observação: outras espécies de *Cereus* também são denominadas "mandacaru" e usadas para a mesma finalidade; *Cereus hildmannianus* (à esquerda) é ornamental, com frutos comestíveis; o mandacaru não deve ser confundido com espécies de *Euphorbia*, como *Euphorbia ammak* (à direita), que possui látex ("leite") e é extremamente tóxica.

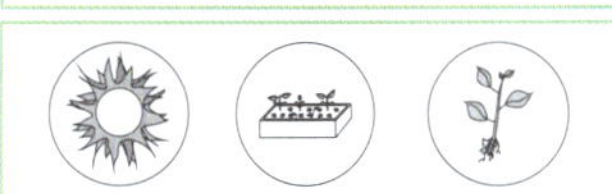

Manjericão

Nome Específico: *Ocimum basilicum* var. *minima* L.
Família: Lamiaceae (= Labiatae)

Outros nomes populares: manjerico e basilicão.
Origem e História: originário da Ásia e África é muito apreciado na culinária do mundo todo, devido às folhas decorativas, aromáticas e saborosas. Parente muito próximo das alfavacas, os manjericões também possuem variedades e híbridos de difícil identificação.
Descrição: arbusto bianual, até 1,5m de alt., muito ramificado, ramos eretos, quadrangulares, aromático; folhas opostas, simples, elípticas, verde-claras; flores pequenas, bilabiadas, brancas, em glomérulos que por sua vez formam cachos; fruto seco indeiscente, com quatro sementes envolto pelo cálice. **Floração:** inverno-primavera. **Manejo:** prefere solos estercados e bem drenados, a pleno sol ou meia sombra. As hastes florais devem ser removidas assim que surgem, para aumentar a longevidade da planta. **Propagação:** estaquia de ramos e sementes. **Partes usadas:** folhas (preferencialmente frescas).

Uso medicinal popular: o chá de folhas frescas é usado em casos de gripe, tosse e bronquite; náuseas e cólicas intestinais. Cataplasma em espinhas e furúnculos. Planta aromática e condimentar.
Modo de usar: chá (infusão): colocar 1 copo de água fervente em 1 colher de sopa de folhas, tampar por 5 min., coar e tomar 1 copo, 2 a 3 vezes ao dia. Cataplasma: pilar bem as folhas, colocar entre os panos limpos ou gaze e aplicar sobre o local afetado. Culinária: como tempero de carnes bovina, suína, caprina, linguiça e de molhos de tomate. **Contraindicação:** gravidez e amamentação. **Efeito colateral, toxicidade e interação medicamentosa:** não há relatos no modo indicado.

Observação: juntamente com as alfavacas, os manjericões, formam um dos grupos mais difíceis de se identificar entre as plantas medicinais, pois o gênero *Ocimum* é composto por muitas espécies, variedades e híbridos; a alfavaca, *Ocimum basilicum* (à esquerda) e um manjericão híbrido, não identificado (à direita), são dois exemplos.

Maracujá-azedo

Nome Específico: *Passiflora edulis* Sims
Família: Passifloraceae

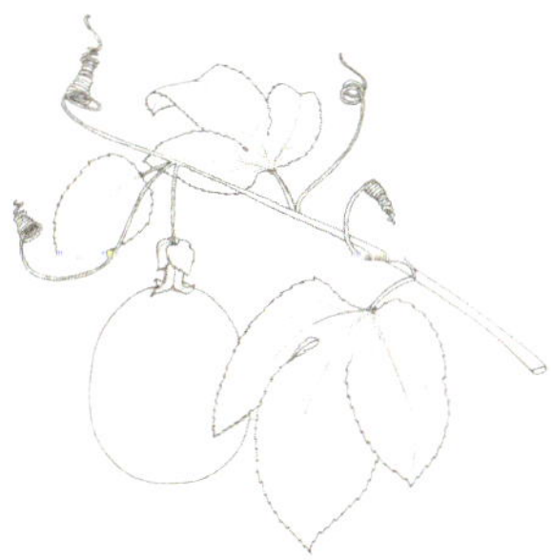

Outros nomes populares: maracujá-comum e maracujá-amarelo.
Origem e História: nativo da América Tropical e cultivado em todo o Brasil. A palavra maracujá é de origem tupi e significa "alimento em forma de cuia". Devido aos seus órgãos florais (em forma de pregos e de coroa), foi relacionado à "Paixão de Cristo" e daí criou-se o seu nome latino: "*passiflora*" (flor da paixão).
Descrição: trepadeira perene, vigorosa, com gavinhas; folhas alternas, simples, inteiras a trilobadas, margens serreadas; flores grandes, vistosas, pétalas brancas; fruto baga, esférico, amarelo claro, brilhante, com sementes envoltas por arilo suculento. **Floração:** primavera-verão. **Manejo:** requer solos ricos em matéria orgânica, muita água sem encharcamento, exposição ao sol e suporte reforçado. **Propagação:** sementes. **Partes usadas:** folhas e frutos (casca e sementes).

Uso medicinal: chá das folhas para ansiedade, nervosismo, insônia e pressão alta. O suco e a farinha da casca do fruto (pericarpo), rica em pectina, reduzem LDL colesterol, triglicérides e o depósito de colesterol no fígado.
Modo de usar: chá (infusão): colocar 1 copo de água fervente sobre 1 colher de sobremesa de folhas secas picadas, tampar por 5 min., coar e tomar 1 copo à noite para insônia, 2 vezes ao dia para nervosismo e 3 vezes ao dia em caso de pressão alta. Farinha: consumir 1 colher de sopa 3 vezes ao dia (durante as refeições).
Contraindicação: gravidez, amamentação, crianças, portadores de pressão muito baixa. **Efeito colateral e toxicidade:** se usar folhas frescas, ferver por 3 minutos para prevenir a intoxicação cianídrica. **Interação medicamentosa:** com anticoagulantes, sedativos e depressores do sistema nervoso central.

Observação: "maracujá" é usado para muitas espécies de *Passiflora*; *P. edulis* possui variedades, formas e cultivares (variedades modificadas), sendo encontrada em estado selvagem na região de Santa Bárbara d'Oeste, onde é denominada "maracujina" (à esquerda); já o maracujá-doce, *P. alata* (à direita), é muito cultivada.

Mentrasto

Nome Específico: *Ageratum conyzoides* L.
Família: Asteraceae (= Compositae)

Outros nomes populares: erva-de-são-joão, catinga-de-bode e cacália.
Origem e História: planta tropical e americana, pode ser encontrada em todo o território brasileiro, em terrenos baldios, pomares ou em jardins e nos mais diversos biomas naturais (Cerrado e florestas).
Descrição: erva anual, ereta, pilosa e aromática, até 1m de alt.; folhas opostas, simples, ovais, pecioladas e pilosas; flores pequenas e tubulosas, lilases em capítulos; fruto seco, indeiscente, muito pequeno, preto, com uma semente. **Floração:** ano todo. **Manejo:** planta muito rústica e agressiva, não requer cuidados pode se tornar invasora ("mato"); cresce melhor em áreas sombreadas. **Propagação:** sementes. **Partes usadas:** folhas.

Uso medicinal: chá para má digestão, gases, cólicas intestinais e menstruais, menopausa, tensão pré-menstrual (TPM) e reumatismo. Xarope para tosse, bronquites e gripes.
Modo de usar: chá (infusão): colocar 1 copo de água fervente em 1 colher de sopa de folhas picadas, tampar por 5 min., coar e tomar 1 copo em jejum e antes das refeições. Para TPM iniciar 10 dias antes da menstruação. Xarope: formar uma calda fina com 1 copo de água e 1 copo de açúcar, colocar 3 colheres de sopa de folhas picadas, desligar o fogo e manter tampado por meia hora, coar e tomar 1 colher de sopa 3 vezes ao dia. **Contraindicação:** grávidas, diabéticos, crianças e portadores de doenças do fígado. **Efeito colateral e toxicidade:** pode ocorrer aumento da pressão arterial. Utilizar no máximo durante 3 semanas. As flores são tóxicas. **Interação medicamentosa:** não há relatos no modo indicado.

Observação: "erva-de-são-joão" é um nome usado para algumas espécies de *Hypericum* como *H. perforatum* (à esquerda, Fiesoli, Itália), que não cresce no Brasil e é usada contra depressão, e para *H. brasiliensis*; este termo gera confusões com *Pyrostegia venusta* (à direita), planta das beiras de estradas, conhecida como "cipó-de-são-joão".

Mentruz

Nome Específico: *Coronopus didymus* (L.) Smith.
Família: Brassicaceae (= Cruciferae)

Outros nomes populares: mastruço, mastruz-miúdo e mentruz-rasteiro.
Origem e História: espécie sul-americana, espontânea em quintais e hortas.
Descrição: erva rasteira, anual, ramificada, aromática; folhas alternas, simples, muito recortadas; flores minúsculas, creme-esverdeadas, em pequenos cachos; frutos secos, muito reduzidos que se abrem quando maduros. **Floração:** inverno.
Manejo: rústica, não requer cuidados especiais e pode se tornar invasora ("mato").
Propagação: sementes. **Partes usadas:** partes aéreas (especialmente, folhas).

Uso medicinal popular: cataplasma para contusão, fraturas, dores reumáticas e musculares. Xarope para tosse, bronquite e asma. Chá como digestivo, diabetes e males respiratórios. Consumir como salada em casos de anemia e raquitismo.
Modo de usar: cataplasma: pilar 6 colheres de sopa da planta com 1 pouco de água, até formar pasta, colocar em gaze ou pano limpo e aplicar na lesão por 2 horas, 2 vezes ao dia. Xarope: fazer uma calda com 1 copo de água e 1 de açúcar, colocar 9 colheres de sopa de planta, misturar, apagar o fogo, tampar por meia hora e coar. Tomar 3 vezes ao dia, sendo: adulto, 1 colher de sopa; 7 - 12 anos, 1 colher de sobremesa, e 4 - 6 anos, 1 colher de chá. Chá (infusão): colocar 1 copo de água fervente sobre 1 colher de sopa de planta picada, tampar por 5 min. e tomar 2 vezes ao dia. **Contraindicação:** gravidez, amamentação e portadores de doenças da tireoide. **Efeito colateral e toxicidade:** não há relatos no modo indicado. **Interação medicamentosa:** com anticoagulantes.

Observação: os nomes mentruz, mastruz e mastruço são aplicados a outras duas espécies de plantas medicinais e também invasoras ("mato"): *Lepidium virginicum* (à esquerda), uma crucífera ou brassicácea e *Chenopodium ambrosioides* (à direita), uma amarantácea, mais conhecida, em nossa região, como erva-de-santa-maria.

Mil-folhas

Nome Específico: *Achillea millefolium* L.
Família: Asteraceae (= Compositae)

Outros nomes populares: mil-em-rama, aquiléia e novalgina.
Origem e História: planta europeia considerada como erva que cura tudo e que protege lares contra doenças. O nome do gênero "*Achillea*" refere-se a Aquiles, que teria recebido orientação divina para usar a planta para estancar sangramentos.
Descrição: erva rizomatosa, aromática, entouceirada, 30-80 cm (haste floral); folhas rosuladas, compostas-pinadas, profundamente recortadas; flores brancas ou rosas, minúsculas, como tubinhos e linguetas, em capítulos ("margaridinhas") e esses em inflorescências corimbiformes; frutos secos, indeiscentes (aquênios) com uma semente. **Floração:** maio-junho. **Manejo:** prefere solos ricos em matéria orgânica, não encharcado, em pleno sol. **Propagação:** estaquia de rizoma, divisão de touceiras e sementes. **Partes usadas:** folhas.

Uso medicinal: cataplasma ou sumo para estancar sangramento e cicatrizar feridas. Chá para febre, má digestão, cólicas, gases intestinais, hepatites, cólicas menstruais, menstruação excessiva, e banho para hemorroidas com sangramentos.
Modo de usar: <u>cataplasma</u>: pilar as folhas lavadas e colocar entre panos limpos ou gaze ou o sumo diretamente sobre a lesão. <u>Chá</u> (infusão): em 1 colher de sopa de folhas colocar 1 copo de água fervente, tampar por 5 min., coar e tomar 2 vezes ao dia. <u>Banho de assento</u>: com o infuso (12 colheres de sopa em 2 litros de água).
Contraindicação: chá durante gravidez, amamentação, em casos de convulsão e gastrite. **Efeito colateral e toxicidade:** cefaleia, fotossensibilidade e dermatite de contato. **Interação medicamentosa:** com psicotrópicos, anticonvulsivantes e anticoagulantes. Evitar uso prolongado.

Observação: há uma variedade de flores rosas de mil-folhas (à esquerda); esta espécie é identificada pela delicadeza de suas folhas recortadas, em rosetas, com textura que lembra a de plumas; a planta sem flores poderia ser confundida com tanaceto, *Tanacetum vulgare*, de folhas mais largas, flores amarelas e odor forte (à direita).

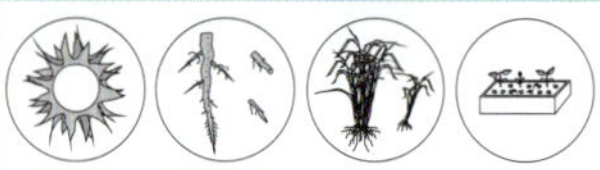

Moranguinho

Nome Específico: *Fragaria vesca* L.
Família: Rosaceae

Outros nomes populares: morango-silvestre, morangueiro, morangueiro-bravo.
Origem e História: nativo do Hemisfério Norte, é espontâneo em regioes frias do mundo todo e apreciado desde a época do Império Romano. Forma bela forração.
Descrição: erva perene, entouceirada, estolonífera, delicada, ornamental; folhas em roseta (rosuladas), compostas, trifoliadas, margens denteadas; flores pétalas brancas ou amarelas, com centro amarelo, reunidas em pequenos grupos no ápice de hastes eretas; frutos compostos, formado por frutículos (erroneamente denominadas sementes) pequenos, secos, distribuído espiraladamente sobre um pseudofruto vermelho, suculento, ovoide. **Floração:** primavera. **Manejo:** prefere solo bem drenado, úmido e rico em matéria orgânica, a ou meia sombra. **Propagação:** "filhotes" (brotações que surgem em longos estolões). **Partes usadas:** folhas, raízes e "frutos" (pseudofrutos com os frutículos).

Uso medicinal: chá de folhas para diarreia e usado em gargarejo e bochecho em caso de inflamação de boca e de garganta. Chá de folhas e raízes para pedra nos rins, artrite e gota. Os frutos funcionam como laxante suave.
Modo de usar: chá (infusão): colocar 1 copo de água fervente em 1 colher de sopa de folhas picadas, tampar por 5 min., coar e tomar 3 vezes ao dia; o infuso pode ser usado para gargarejo e bochecho. Chá (decocção): ferver 2 copos de raízes e folhas picadas em 1 litro de água por 5 min.; tomar 1 copo 3 vezes ao dia. **Contraindicação:** gravidez e amamentação. **Efeito colateral e toxicidade:** o fruto pode causar alergia. **Interação medicamentosa:** não há relatos no modo indicado.

Observação: a espécie aqui tratada não deve ser confundida com a que produz o morango (fruta), um híbrido denominado *Fragaria* x *ananassa* (à esquerda) cujas folhas podem conter agrotóxicos; também não se pode confundí-la com as framboesas, como *Rubus rosifolius* (à direita), conhecida como morango-do-mato.

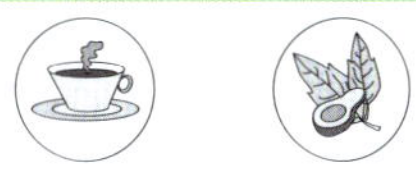

Moringa

Nome Específico: *Moringa oleifera* Lam.
Família: Moringaceae

Outros nomes populares: árvore-dos-milagres e quiabo-de-quina.
Origem e História: natural do norte da Índia e do Paquistão, na base do Himalaia, naturalizada na África e trazida ao Brasil nos anos 50, como planta apícola.
Descrição: árvore de até 12 m altura; folhas tripinadas, alternas; flores brancas, sépalas similares às pétalas, reunidas em densos cachos; fruto cápsula ("vagem"), ca. 30 cm. **Floração:** ano todo. **Manejo:** solos arenosos, tolera solos pobres e é mantida sob poda (1,5 m alt.) em grandes cultivos. **Propagação:** sementes e estaquia. **Partes usadas:** planta toda (neste guia sem relato para raízes e cascas).

Uso medicinal: rica em proteínas, vitaminas e minerais. Uso em chás e tinturas. Tem várias propriedades medicinais, entre as quais a antitumoral. Folhas para diabetes melito tipo 2, pressão alta, obesidade, colesterol e triglicérides altos. Uso em gastrite, úlcera gástrica, asma e enfisema pulmonar. Combatem cansaço físico e mental e melhoram a atenção e a memória. Folhas, flores, "vagens" e sementes para anemia, desnutrição, osteoporose e artrite. Utilizam-se estas mesmas partes em sucos, sopas, refogados, bolos e pães; sementes cozidas com arroz.
Modo de usar: chá (infusão): 1 colher de sopa de folhas ou flores frescas ou 1 colher de chá de folhas secas trituradas em 1 copo de água, 3 vezes ao dia. Chá (decocção): 1 colher de sopa de frutos com sementes em 1 copo de água, ferver por 3 a 5 min., tomar 3 vezes ao dia. Tintura: 30 gotas, 3 vezes ao dia. **Contraindicação:** gestantes, amamentação, portadores de insuficiência renal e policitemia. **Efeito colateral e toxicidade:** evitar uso por mais de 4 semanas para tratamento. **Interação medicamentosa:** medicamentos de diabetes e anticoagulantes.

Observação: à primeira vista, a moringa se parece com uma leguminosa (família Fabaceae), daí o nome acácia-branca; além de todo o uso medicinal e culinário, suas sementes (à esquerda) são usadas para purificar água; outras espécies do gênero, como *M. ovalifolia* (à direita, Frankfurt, Alemanha), não são cultivadas no Brasil.

Ora-pro-nobis

Nome Específico: *Pereskia aculeata* Mill.
Família: Cactaceae

Outros nomes populares: jumbeba, quiabento e carne-dos-pobres.
Origem e História: espécie brasileira faz parte de festivais de gastronomia em Minas Gerais. Outrora cerca-viva de igrejas, os padres proibiam a colheita das folhas, porém na hora da prece (*ora-pro-nobis*), elas eram colhidas para refeições.
Descrição: trepadeira robusta, perene, ornamental, com longos espinhos no caule principal e menores nos ramos; folhas alternas, simples, elípticas, ovaladas a lanceoladas, suculentas; flores brancas, vistosas, em cachos; fruto baga, globoso e amarelo. **Floração:** janeiro-abril. **Manejo:** prefere solo arenoso, pleno sol, necessita suporte reforçado. As podas estimulam brotação. **Propagação:** estaquia de ramos e sementes. **Partes usadas:** folhas e flores; os frutos são comestíveis.

Uso medicinal: as folhas são indicadas para prevenção e tratamento de anemia, osteoporose, desnutrição, pacientes debilitados e com baixa imunidade. Contém vitaminas A, C, ácido fólico (Vit. B9), ferro, cálcio, manganês, magnésio, zinco e, alta concentração de proteínas essenciais, como triptofano, precursor da serotonina, que estabiliza o humor. As folhas reduzem a percepção da dor, possuem ação cicatrizante, antioxidante, anti-inflamatória e atuam, como cataplasma, contra abscessos, furúnculos e queimaduras.
Modo de usar: culinária: folhas frescas em sucos, saladas, omeletes, refogados, sopas e feijão. Folhas frescas ou secas em pó para massas (pão, macarrão, pizzas e tortas) e flores em saladas (retirar os espinhos antes) . Cataplasma: pilar folhas e colocá-las entre 2 panos limpos na área afetada, 2 vezes ao dia. **Efeito colateral, toxicidade e interação medicamentosa:** não há relatos na forma indicada.

Observação: é facilmente identificável pelo seu hábito de trepadeira, longos espinhos na base do caule e espinhos como pequenos ganchos, na base das folhas; seus parentes próximos são o cacto-rosa, *Pereskia grandifolia* (à esquerda), árvore ou arbusto com flores rosas e *P. bleo* (à direita) da Amazônia, com flores vermelhas.

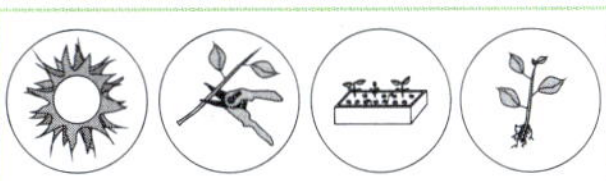

Orégano

Nome Específico: *Origanum vulgare* L.
Família: Lamiaceae (= Labiatae)

Outros nomes populares: orégão.
Origem e História: nativo do Mediterrâneo e da Ásia (Turquia) é muito cultivado nas regiões Sul e Sudeste do Brasil como especiaria de largo uso na culinária e indispensável no preparo de pizzas. Possue muitas variedades e híbridos.
Descrição: erva perene, aromática, rasteira com hastes florais eretas de 30-50 cm de alt.; folhas opostas, simples, pequenas, elípticas a ovais; flores pequenas, rosas ou lilases (raro brancas), reunidas em densas inflorescências globosas; fruto seco com 4 sementes muito pequenas. **Floração:** (final de) verão-outono (meados). **Manejo:** prefere clima temperado, mas está adaptado ao clima tropical, solo fértil e bem drenado. **Propagação:** estaquia de ramos, divisão de touceiras e sementes (mais rara). **Partes usadas:** folhas.

Uso medicinal: chá de folhas para má digestão, diarreia, cólicas, gases intestinais e enjoos. Tratamento de portadores de *Helicobacter pylori* (bactéria que coloniza a mucosa do estômago). Atenua bronquite, rinite e traqueíte. O uso regular da planta fresca previne a trombose e alterações do ritmo do coração.
Modo de usar: chá (infusão): colocar 1 copo de água fervente em 1 colher de sopa de folhas, tampar por 5 min., coar e tomar 1 copo 3 vezes ao dia. Para *Helicobacter pylori*, consumir o chá por 30 dias. Culinária: como tempero, usar à vontade. **Contraindicação:** o chá deve ser evitado durante gravidez e amamentação. **Efeito colateral e toxicidade:** não há relatos na dose recomendada. Altas doses podem causar sonolência e raros casos de alergia na pele. **Interação medicamentosa:** potencializa anfoterecina B e nistatina no combate ao fungo *Candida albicans*.

Observação: o orégano pode ser confundido com a manjerona, *Origanum majorana* (à esquerda) cujas flores são brancas e o aroma é diferente, porém, existem híbridos entre as duas espécies; há quem confunda orégano com tomilho, *Thymus vulgaris* (à direita), cujas folhas são menores, triangulares e com aroma muito característico.

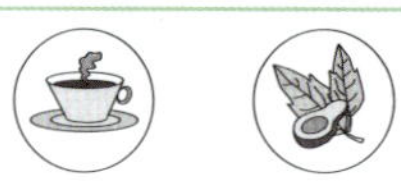

Panaceia

Nome Específico: *Solanum cernuum* Vell.
Família: Solanaceae

Outros nomes populares: mão-de-macaco, braço-de-preguiça e velame.
Origem e História: nativa da Mata Atlântica, do sul da Bahia até São Paulo, cresce espontaneamente em beira de matas e capoeiras. Recebeu o nome de panaceia devido aos múltiplos usos populares de suas folhas.
Descrição: arvoreta pouco ramificada, 2-3m alt., muito pilosa; folhas alternas, simples, elípticas a obovadas, grandes, pilosas, discolores (verdes na face superior e brancas na inferior); flores brancas, em forma de estrela em inflorescências muito pilosas; fruto baga, globosa, pequena, amarelo claro. **Floração:** ano todo (menos intensa no inverno). **Manejo:** locais levemente sombreados e solos úmidos. **Propagação:** sementes e brotos laterais. **Partes usadas:** folhas.

Uso medicinal popular: as folhas são depurativas, diuréticas e diaforéticas e seu chá é indicado para a inflamação das vias urinárias e da bexiga. Congestão do fígado, gonorreia e feridas. O saber popular indica o chá para criança que "faz xixi" na cama (enurese noturna). Pesquisas revelam a presença de alcaloides, flavonoides, triterpenoides, esteroides, saponinas e taninos em suas folhas e ação bactericida contra *Escherichia coli, Bacillus cereus* e *Staphylococcus aureus*.
Modo de usar: chá (infusão): colocar 3 copos de água fervente em 4 colheres de sopa de folhas frescas, tampar por 10 min. e coar. Adulto: tomar 1 copo 3 vezes ao dia; crianças de 7 a 12 anos, tomar 2 vezes ao dia; crianças de 2 a 6 anos tomar 1 xícara de café, 2 vezes ao dia. Tomar até às 18 horas. **Contraindicação:** gravidez e crianças menores de 2 anos. **Efeito colateral, toxicidade e interação medicamentosa:** não há relatos no modo indicado. Limitar o uso por 2 semanas.

Observação: por ser uma arvoreta, pela extrema pilosidade das folhas e inflorescências, e à cor branca da face inferior das folhas, essa espécie não é confundida com nenhuma outra; parentes ao nível de gênero são a lobeira, *Solanum lycocarpum* (à esquerda), do Cerrado e o joá-bravo, *Solanum aculeatissumum* (à direita).

Pariparoba

Nome Específico: *Piper umbellatum* L.
Família: Piperaceae

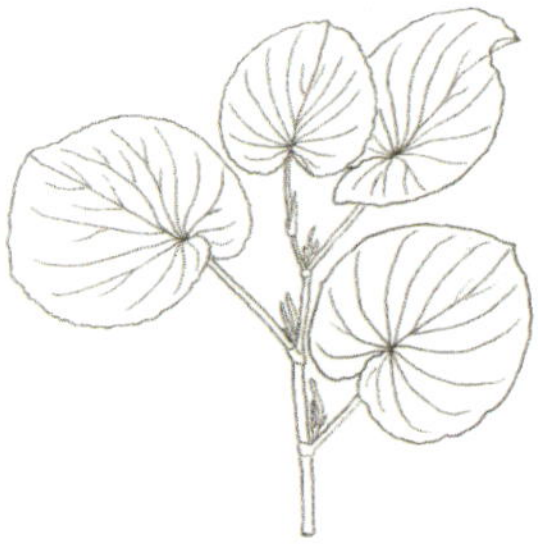

Outros nomes populares: caapeba, capeba, catajé, capeua e aguaxina.
Origem e História: nativa do Brasil, especialmente na Amazônia e utilizada pelos indígenas para males do fígado. Ocorre também de São Paulo até o sul da Bahia.
Descrição: subarbusto ereto, de até 2,5m, perene, caules com nós e entrenós bem visíveis (articulados); folhas alternas, simples, cordiformes (forma de coração); flores minúsculas, em espigas compactas e cilíndricas, em feixes nas axilas foliares; frutos carnosos muito reduzidos. **Floração:** ano todo. **Manejo:** bastante rústica, prefere áreas semi-sombreadas e solos úmidos com matéria orgânica. **Propagação:** sementes e estaquia de ramos. **Partes usadas:** folhas, caules e raízes.

Uso medicinal: chá para gastrite e úlcera gástrica. Estimula as funções do fígado, vesícula biliar, pâncreas e baço. Xarope para tosse, asma e bronquite. Vinho medicinal como tônico digestivo.
Modo de usar: chá (infusão): colocar 1 copo de água fervente em 1 colher de chá de raízes picadas e 1 colher de chá de folha picada, tampar por 10 min., coar e tomar 1 copo em jejum e 1 copo antes das refeições. Xarope: ferver 1 copo de água com 2 colheres de sopa de folhas e caules picados durante 3 min., coar, acrescentar 2 colheres de sopa de açúcar e levar ao fogo até dissolver. Tomar 3 vezes ao dia (adultos,1 colher de sopa e crianças de 7 a 12 anos, 1 colher de sobremesa). Vinho medicinal: em 1 litro de vinho branco colocar 2 colheres de sopa de folhas e raízes picadas, descansar 10 dias e tomar 1 cálice antes das refeições. **Contraindicação:** gravidez e amamentação. **Efeito colateral, toxicidade e interação medicamentosa:** não há relatos na dose indicada. Utilizar no máximo 30 dias.

Observação: muitas espécies de *Piper* são chamadas de "pariparoba" e "caapeba", como *P. regnellii*, a nhamdiba, muito parecida com a espécie aqui tratada, *P. aduncum* (à esquerda), o aperta-ruão e *P. methystichum* (à direita), o kawa-kawa, usado contra depressão, entretanto, essas três espécies possuem espigas solitárias.

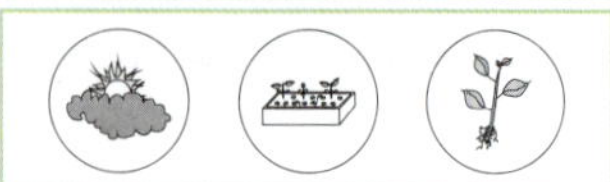
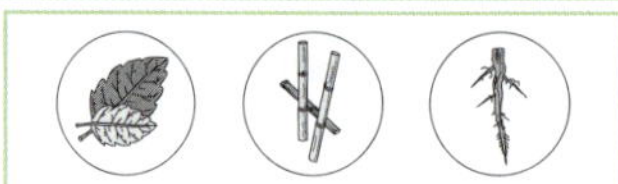

Pata-de-vaca

Nome Específico: *Bauhinia forficata* Link
Família: Fabaceae (= Leguminosae)

Outros nomes populares: bauínia, unha-de-anta, pata-de-burro e mororó.
Origem e História: nativa do Brasil, especialmente na Mata Atlântica, esta planta cresce espontaneamente em capoeiras e pastagens. O nome vem do formato das folhas, que são semelhantes a marcas deixadas pelo casco de uma vaca.
Descrição: árvore de médio porte, até 9m, com espinhos; folhas alternas, bifolioladas, com folíolos fundidos até a metade aproximadamente (folha geminada), com os lobos mais pontiagudos que as outras espécies não medicinais; flores brancas, pétalas finas e desiguais; fruto legume ("vagem"), com muitas sementes achatadas. **Floração:** junho-dezembro. **Manejo:** requer solos bem drenados, profundos, férteis e sol pleno; poda de condução, se necessária. **Propagação:** sementes. **Parte usada:** folhas.

Uso medicinal: chá ou tintura de folhas é indicado para diabetes melito tipo 2; além abaixar a glicemia, estimula a produção de insulina, é diurética e indicada em caso de elefantíase (inchaço duro das pernas).
Modo de usar: chá (infusão): ferver 2 colheres de sopa de folhas picadas em 3 copos de água, coar e tomar 1 copo em jejum antes do almoço e 1 antes do jantar. Para elefantíase, tomar 2 copos de manhã em jejum e 1 copo à tarde. Como diurético, tomar 3 vezes ao dia. Tintura (1:10): 1 - 3 gotas por kg de peso dividido em 3 doses ao dia, tomadas com meio copo de água. **Contraindicação:** gravidez, amamentação e hipotireoidismo. **Efeito colateral e toxicidade:** uso prolongado pode levar à queda de pressão arterial. **Interação medicamentosa:** não utilizar junto com outros medicamentos para diabetes.

Observação: na arborização urbana são plantadas outras espécies de pata-de-vaca, que não possuem propriedades medicinais; é o caso de *Bauhinia variegata*, espécie indiana, com suas variedades *candida* (à esquerda) e *variegata* (à direita), ambas sem espinhos e com folíolos de ápice arredondado.

Pau-d'arco

Nome Específico: *Handroanthus impetiginosus* (Mart. ex DC.) Mattos
Família: Bignoniaceae

Outros nomes populares: ipê-roxo, piúva, piúna, ipê-una e ipê-roxo-grande.
Origem e História: nativa na América Central e do Sul. Os indígenas usavam sua madeira para fazer arco ("pau-d'arco").
Descrição: árvore até 20 m, caducifólia (perde as folhas no inverno), casca fina pardo-acinzentada; folhas opostas, compostas-palmadas, cinco folíolos ("folhinhas"); flores rosa com mancha amarela, forma de trompete, agrupadas em densas inflorescências globosas; fruto seco, que se abre em duas valvas ("tampas"), sementes achatadas e aladas. **Floração:** inverno. **Manejo:** de fácil germinação, não exige cuidados especiais e vai muito bem na arborização urbana. **Propagação:** sementes. **Parte usada:** entrecasca (seca, coletada na altura de uma pessoa, do lado onde bate o sol, de manhã; cobre-se o local com argila ou óleo de copaíba).

Uso medicinal: chá ou tintura da entrecasca para gastrite, úlceras de estômago, diarreia, disenteria e estomatite. Além de dores articulares, cistite e incontinência urinária. É imunoestimulante e antitumoral. Gargarejo para inflamações da boca e garganta. Banho em feridas, úlceras da pele e psoríase.
Modo de usar: chá (decocção): aquecer 4 copos de água até fervura, colocar 3 colheres de sopa da entrecasca e ferver durante 10 min., coar e tomar 1 copo 3 vezes ao dia; o chá pode ser usado em gargarejos e banhos. Tintura (1:10): 1 a 3 gotas por kg de peso, dividido em 3 doses ao dia com meio copo de água ao dia. **Contraindicação:** gravidez, amamentação e crianças. **Efeito colateral e toxicidade:** doses elevadas podem causar sangramentos e problemas gastrointestinais. **Interação medicamentosa:** não usar com anticoagulantes.

Observação: diversas espécies de *Handroanthus* são conhecidas como ipê-roxo e de difícil separação; *Handroanthus heptaphyllus* (à esquerda) tem inflorescências semelhantes a pompons; o ipê-do-cerrado, *H. ochraceus* (à direita) é usado por comunidades tradicionais e pessoas que vivem perto do Cerrado.

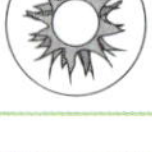

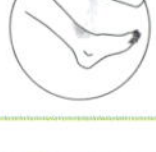

Perpétua

Nome Específico: *Alternanthera brasiliana* (L.) Kuntze
Família: Amaranthaceae

Outros nomes populares: perpétua-do-brasil, caaponga, terramicina e penicilina.
Origem e História: originária da América do Sul, principalmente na região litorânea brasileira e Amazônia; na Guiana é usada pelo povo como antidiarreico e intestino preso. No Brasil, é tradicional o uso das flores (inflorescências) contra tosse.
Descrição: arbusto perene, muito ramificado, decumbente (ramos longos e caídos), 60-120 cm de alt., caule arroxeado; folhas opostas, simples, elípticas, arroxeadas; flores amarelas, pequenas, em inflorescências globosas, brácteas brancas, com textura de palha; fruto seco, minúsculo. **Floração:** primavera-verão. **Manejo:** não requer cuidados especiais, exceto podas, se necessário. **Propagação:** sementes e estaquia de ramos. **Partes usadas:** folhas e inflorescências (denominadas "flores").

Uso medicinal popular: chá de flores para tosse seca. Chá de folhas para gripes, resfriados e inflamações da boca e garganta. Atua nas infecções moderadas das vias urinárias e bexiga. Banho de chá de folhas em feridas.
Modo de usar: <u>chá</u> (infusão): colocar 1 copo de água fervente em 1 colher de sopa de flores frescas, tampar por 10 min., coar e tomar 3 vezes ao dia. <u>Chá</u> (infusão): colocar 1 copo de água fervente em 1 colher de sopa de folhas frescas picadas, tampar por 5 min., coar e tomar 3 vezes ao dia. <u>Banho</u>: colocar 1 litro de água fervente em 10 colheres de sopa de folhas frescas, tampar por 10 min., coar e lavar as feridas 2 vezes ao dia. **Contraindicação:** grávidas, amamentação e crianças. **Efeito colateral, toxicidade e interação medicamentosa:** não há relatos na dose indicada. Não usar por mais de 30 dias.

Observação: essa espécie muitas vezes é confundida com sua "irmã" *Alternanthera dentata* (à esquerda), que tem folhas mais roxas e brilhantes (a outra é mais avermelhada, mais acobreada); o nome "perpétua" é usado para plantas da mesma família, do mesmo gênero ou de outros, como *Gomphrena celosioides* (à direita).

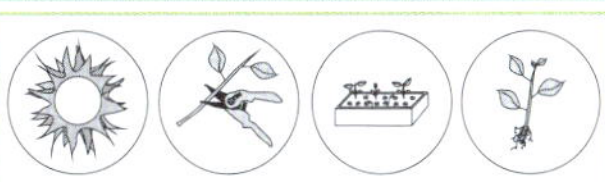

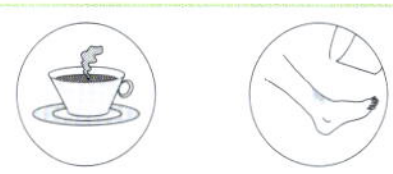

Pimenta-cumari

Nome Específico: *Capsicum baccatum* var. *praetermissum* (Heiser & P.G. Sm.) Hunz.
Família: Solanaceae

Outros nomes populares: passarinho, comari-miúda e pimentinha.
Origem e História: é uma variedade de pimenta silvestre, brasileira, das regiões Sudeste e Centro-Oeste. "Cumari", quer dizer "o prazer do gosto", em tupi-guarani, pois os índios dessa etnia a utilizavam como tempero. Os frutos vermelhos são comidos por pássaros, imunes à sua ardência.
Descrição: subarbusto até 1,5 m, muito ramificado, perene, mas de ciclo curto; folhas alternas, simples, inteiras e glabras; flores solitárias, pequenas, brancas a violetas, em forma de estrela; fruto baga, ovoide a elipsoide, amarelo, vermelho a atro-purpúreo (preto), com muitas sementes. **Floração:** primavera-verão. **Manejo:** exige solo rico, água em abundância e prefere locais sombreados. **Propagação:** sementes. **Partes usadas:** frutos.

Uso medicinal: a capsaicina presente na pimenta ativa o metabolismo e a circulação do sangue, além de reduzir o colesterol e estimula a produção de endorfinas. Atua como antioxidante e previne a formação de coágulos. Auxilia no tratamento da enxaqueca. É rica em vitaminas A, C, E, ácido fólico, zinco e potássio.
Modo de usar: culinária: consumir frutos frescos ou em conserva na alimentação. Conserva: lavar 1 copo de pimentas inteiras, secá-las, colocá-las em vidro limpo, acrescentar 1 copo de vinagre, 1 colher de chá (rasa) de sal, cobrir com 1 colher de sopa de azeite ou óleo e curtir por 15 dias. **Contraindicação:** evitar consumo excessivo na gravidez. **Efeito colateral, toxicidade e interação medicamentosa:** não há relatos na forma recomendada.

Observação: alguns dizem que há 14 variedades de pimenta-cumari, no entanto, do ponto de vista botânico, sabe-se que a espécie tem 5 variedades e aquela aqui apresentada é exclusiva do Brasil; já *Capsicum baccatum* var. *pendulum*, inclui pimentas como a "dedo-de-moça" (à esquerda) e a "chapéu-de-bispo" (à direita).

  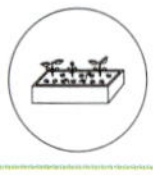

Pimenta-malagueta

Nome Específico: *Capsicum frutescens* L.
Família: Solanaceae

Outros nomes populares: piri-piri e pimenta-de-caiena.
Origem e História: espécie americana é uma das pimentas mais utilizadas no Brasil; entre as variedades há a malaguetinha-caipira que é brasileira e a malaguetão, condimento para carnes, peixe e massas, que é um híbrido entre essa espécie e C. *baccatum* var. *pendulum* (Willd.) Eshbaugh, a pimenta-dedo-de-moça.
Descrição: subarbusto ramificado, até 1,5m de alt., caule verde arroxeado; folhas alternas, simples, elípticas a ovaladas; flores pequenas, brancas, forma de estrela, solitárias; fruto baga, cônico-alongado, picante (capsaicina no tecido em que se prendem as sementes). **Floração:** ano todo. **Manejo:** prefere solos leves, ricos, bem drenados (não tolera encharcamento), a pleno sol. **Propagação:** sementes. **Partes usadas:** folhas e frutos.

Uso medicinal popular: cataplasma para "pano branco" (pitiríase versicolor, manchas claras na pele, por fungos). Cataplasma quente de folhas em abscessos e furúnculos. Frutos crus ou em conserva, auxiliam no controle da obesidade. Propriedades da capsaicina, citadas para cumari, valem também para a malagueta.
Modo de usar: cataplasma: macerar as folhas com um pouco de sal, limpar as manchas cutâneas com esponja seca e aplicar durante 3 dias, após o banho. Cataplasma: aquecer folhas, pingar 1 gota de óleo e colocar ainda quente sobre o furúnculo ou abscesso. Culinária: frutos como condimento e contra excesso de peso.
Contraindicação: não há. **Efeito colateral e toxicidade:** inalação ou contato com a capsaicina pode irritar as vias aéreas, queimar as mucosas e a pele. **Interação medicamentosa:** não há relatos no modo indicado.

Observação: as pimentas pertencem a espécies do gênero *Capsicum* (que não inclui nem a pimenta-da-jamaica e nem a pimenta-do-reino), com muitas variedades e híbridos; a "jalapeña", por exemplo é uma variedade de *Capsicum annum* (à esquerda); já a pimenta-biquinho é uma variedade de *Capsicum chinense* (à direita).

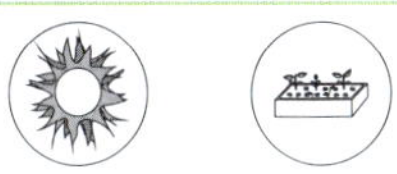  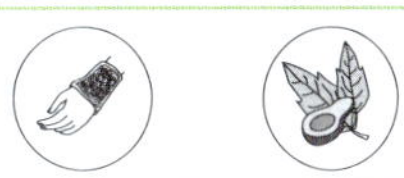

Pitangueira

Nome Específico: *Eugenia uniflora* L.
Família: Myrtaceae

Outros nomes populares: ibitanga, cereja-brasileira, pitanga-vermelha e ubipitanga.
Origem e História: nativa e amplamente distribuída pelo Brasil, ocorre também no Paraguai e na Argentina; a palavra pitanga ("pitana" em tupi-guarani) significa vermelho, em alusão à cor da fruta, rica em vitaminas A e C. O chá de folhas é utilizado pelos índios.
Descrição: árvore, até 10m de alt., tronco liso, manchado; folhas opostas, simples, elípticas, com aroma característico quando amassadas; flores brancas, delicadas; fruto baga, globosa e sulcada, laranja a vermelha, brilhante, sabor agridoce, sementes formando um pequeno caroço. **Floração:** agosto-dezembro (pode ocorrer de fevereiro-julho). **Manejo:** adapta-se a diversos tipos de clima e solo. **Propagação:** sementes e enxertia. **Partes usadas:** folhas e frutos.

Uso medicinal popular: chá das folhas para diarreia não infecciosa, reumatismo, bronquite e febre. Diurética, auxilia no tratamento da pressão alta. A fruta é rica em vitaminas A, B, C, cálcio, ferro e fósforo.
Modo de usar: chá (infusão): colocar 1 copo de água fervente em 1 colher de sopa de folhas picadas e tomar 3 vezes ao dia. Em casos de diarreia tomar meia xícara de café após cada evacuação até 10 vezes ao dia, junto com soro caseiro e líquidos. Culinária: frutas consumidas *in natura*, geleias, sucos e doces. **Contraindicação:** gravidez e amamentação. **Efeito colateral, toxicidade e interação medicamentosa:** não há relatos na forma indicada.

Observação: a espécie de fácil reconhecimento pelo seu tronco malhado e odor característico das folhas amassadas; pertencem à mesma família a uvaia, *Eugenia uvalha* (à esquerda) e a jabuticaba, *Myrciaria jaboticaba* (à direita), entre outras inúmeras frutíferas cultivadas e selvagens no Brasil.

Poejo

Nome Específico: *Mentha pulegium* L.
Família: Lamiaceae (= Labiatae)

Outros nomes populares: poejo-real, poejinho e menta-miúda.
Origem e História: originário da Europa, Península Arábica e outras partes da Ásia, está aclimado em países do mundo todo. Os antigos chineses também já faziam referências às suas virtudes calmantes e amenizadoras de cólicas.
Descrição: erva perene, prostrada, delicada, aroma forte e muito agradável; folhas alternas, simples, inteiras, elíptico-arredondadas; flores lilases, pequenas reunidas em inflorescências globosas em hastes eretas; fruto seco, muito reduzido, com quatro sementes, envolto pelo cálice. **Floração:** primavera. **Manejo:** requer solos estercados, regas abundantes e poucas horas de sol. **Propagação:** estaquia de ramos, divisão de touceiras. **Partes usadas:** caules com folhas (com ou sem flores).

Uso medicinal popular: xarope para tosse, gripe e resfriados. Chá para má digestão, gases, cólicas intestinais, diarreia e também para febre. Atenua os sintomas da Tensão Pré-menstrual (TPM).
Modo de usar: xarope: em uma panela caramelizar 3 colheres de sopa de açúcar e reserva; fazer o chá com 1 copo de água fervente em 6 colheres de sopa de planta, tampar por 5 min., coar, juntar ao açúcar caramelizado e dissolver no fogo baixo. Adulto: tomar 1 colher de sopa 3 vezes ao dia. Crianças de 7 a 12 anos: 1 colher de sobremesa 2 vezes ao dia. Crianças de 2-6 anos: 1 colher de chá 2 vezes ao dia. Chá (infusão): colocar 1 copo de água fervente em 1 colher de sopa, tampar por 5 min., coar e tomar 1 copo 2 a 3 vezes ao dia. **Contraindicação:** gravidez, amamentação e crianças menores de 2 anos. **Efeito colateral e toxicidade:** não usar por mais de15 dias. **Interação medicamentosa:** não há relatos no modo indicado.

Observação: apesar de ser do mesmo gênero das hortelãs (*Mentha*), o poejo tem aroma bastante característico, que não gera confusões em sua identificação; na Europa, floresce com muita intensidade (à esquerda, Paris, França); existe o poejo-do-norte, *Cunila microcephala* (à direita), do sul do Brasil, também bastante aromático.

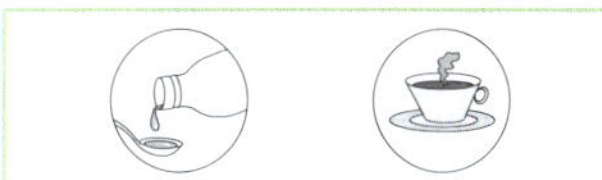

Quebra-pedra

Nome Específico: *Phyllanthus niruri* L.
Família: Phyllanthaceae

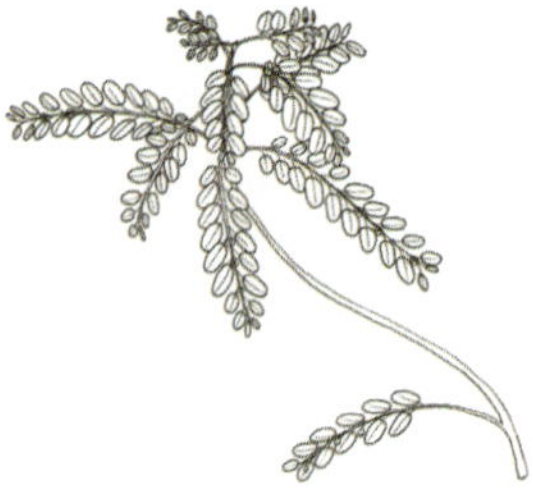

Outros nomes populares: arranca-pedras, arrebenta-pedras, erva-pomba e quebra-pedra-branco.
Origem e História: ocorre em quase toda a região tropical do continente americano, até o sul da América do Norte; seu uso popular mais conhecido é como remédio para os rins.
Descrição: erva anual, ereta de pequeno porte; folhas alternas, simples, inteiras, elípticas, dispostas em ramos curtos e horizontais; flores verdes, muito pequenas, solitárias, nas bases das folhas; fruto cápsula, muito reduzido (1 mm), explosivo quando maduro. **Floração:** o ano todo. **Manejo:** prefere solo úmido e rico em matéria orgânica a meia sombra, mas por ser muito rústica ("mato") cresce até em fendas de calçadas, muros e paredes. **Propagação:** sementes. **Partes usadas:** planta inteira.

Uso medicinal: chá para cólica renal, inflamação das vias urinárias e casos de retenção de líquido no corpo. Analgésica e anti-inflamatória, alivia e previne problemas de pedras nos rins. Auxilia o tratamento da pressão alta, gota e hepatite B.
Modo de usar: chá (infusão): colocar 3 copos de água fervente sobre 6 ramos de planta fresca, tampar por 5 min., coar e tomar 1 copo, de 3 a 6 vezes ao dia. Fazer um intervalo de 15 dias após 3 meses de uso contínuo. **Contraindicação:** gravidez e amamentação. **Efeito colateral, toxicidade e interação medicamentosa:** não há relatos na dose indicada.

Observação: quebra-pedra é um nome que se aplica a diversas espécies de *Phyllanthus*, muitas das quais utilizadas em Fitoterapia com a mesma finalidade; a espécie aqui tratada apresenta base dos folíolos esbranquiçada; já *P. tenellus* (à esquerda) possui folhas mais espaçadas; *P. urinaria* (à direita) tem ramos brancos.

Romãzeira

Nome Específico: *Punica granatum* L.
Família: Lythraceae

Outros nomes populares: pé-de-romã, romeira e granada.
Origem e História: originária da região do Irã (antiga Pérsia) até norte da Índia, sendo cultivada em quase todo o mundo. Simboliza fertilidade e abundância, e suas sementes são muito procuradas no início de cada ano (primeiros dias de janeiro).
Descrição: árvore ou arbusto, muito ramificado, 3-5m (até 10m) de alt., com espinhos; folhas alternas (a fasciculadas), simples, inteiras, elípticas a oblanceoladas; flores vistosas, vermelhas, solitárias ou em grupos; fruto cápsula carnosa com abertura irregular (balaústa), sementes angulosas, suculentas, vermelhas. **Floração:** ano todo. **Manejo:** mudas feitas em viveiros, com solos adubados, ricos em matéria orgânica, a pleno sol. **Propagação:** sementes ou estaquia de ramos (com hormônio de enraizamento). **Partes usadas:** "casca" de fruto maduro (pericarpo) e sementes.

Uso medicinal: chá de fruto para inflamação da boca e garganta, e banho de assento em herpes genital. Suco de fruto e óleo de sementes para osteoartrite, aumentar a fertilidade e prevenir mal de Alzheimer. Essas 3 preparações podem inibir crescimento tumoral (mama e próstata), junto com o tratamento convencional. **Modo de usar:** chá (decocção): colocar 4 colheres de sopa de casca em 1 litro de água e ferver por 5 min., coar e usar para banho, bochecho ou gargarejo. Suco: pilar 2 colheres de sopa de sementes, acrescentar 1 copo de água, coar e tomar 1 vez ao dia. **Contraindicação:** gravidez, amamentação e menores de 12 anos. **Efeito colateral e toxicidade:** dose alta pode provocar náusea, vômito, tontura e tremores. **Interação medicamentosa:** com carmabazepina.

Observação: a romãzeira é bastante cultivada como ornamental, e por suas sementes, saborosas e poderosas, segundo a tradição; nos mercados encontra-se uma variedade norte-americana, com frutos maiores e vermelhos (à esquerda); flores "dobradas", secas, de outra variedade são usadas para chás (à direita, Selçuk, Turquia).

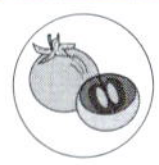

Rosa-menina

Nome Específico: *Rosa* sp.
Família: Rosaceae

Outros nomes populares: não encontrados.
Origem e História: há mais de cem espécies de roseiras e milhares de variedades, cujas flores, variando de forma, cor e número de pétalas são empregadas em perfumaria há séculos. No Brasil, as flores brancas de roseiras trepadeiras são muito utilizadas. No Bairro Cruzeiro do Sul, em Santa Bárbara d'Oeste, São Paulo, moradores fazem uso de uma variedade chamada "rosa-menina".
Descrição: arbusto com ramos decumbentes (longos e flexíveis), até 1m de alt., aculeado (com "espinhos"); folhas alternas, compostas-pinadas, pequenas se comparadas às de roseiras tradicionais; flores pequenas, brancas, com muitas pétalas, reunidas em densas cimeiras; fruto característico das roseiras (cinórrodo: fruto composto envolto por pseudofruto receptacular suculento). **Floração:** primavera-verão. **Manejo:** cresce melhor em solos estercados e não expostos totalmente ao sol. Aprecia regas abundantes. **Propagação:** estaquia de ramos. **Partes usadas:** flores.

Uso medicinal popular: chá em banhos e compressas dos olhos para auxiliar no tratamento de inflamação e infecção dos olhos. Gargarejo e bochechos em casos de estomatite, afta e inflamação da garganta.
Modo de usar: chá (infusão): colocar 1 copo de água fervente em pétalas de 4 rosas, tampar por 10 minutos, coar, esfriar e lavar os olhos 3 vezes ao dia. Utilizar o chá para gargarejo e bochecho para os males da garganta e boca, 3 vezes ao dia.
Contraindicação, efeito colateral, toxicidade e interação medicamentosa: não há relatos no modo indicado.

Observação: as roseiras selvagens, trepadeiras ou não, têm flores com cinco pétalas como *Rosa pimpinellifolia* (à esquerda, Lyon, França); a partir de inúmeros cruzamentos entre espécies e variedades foram obtidas as roseiras trepadeiras com flores dobradas (à direita) de difícil identificação, que só é feita por especialistas.

Rosela

Nome Específico: *Hibiscus sabdariffa* L.
Família: Malvaceae

Outros nomes populares: vinagreira, groselheira e hibisco.
Origem e História: originária da África, foi trazida pelos povos escravizados e é cultivada nos quintais, especialmente pela colônia japonesa para preparo de conservas. As folhas são utilizadas para fazer o cuxá, prato típico maranhense.
Descrição: arbusto anual, pouco ramificado, até 2m de alt.; folhas alternas, simples, pecíolo vermelho, inteiras no início e depois tri-pentapartidas; flores solitárias, amarelo-claras com centro escuro, cálice e calículo (segundo cálice) vermelhos; fruto globoso, seco com muitas sementes, envolvido pelo pseudofruto vermelho e suculento (cálice e calículo desenvolvidos). **Floração:** outono. **Manejo:** requer solo drenado, rico em matéria orgânica em pleno sol. **Propagação:** sementes. **Partes usadas:** pseudofrutos ("frutos" ou "cálices") e folhas.

Uso medicinal: rica em ferro e vitamina C pode ser usada como chá, suco e geleia. Chá para má digestão, cólicas, gases intestinais e intestino preso. Protege as células contra o envelhecimento. Auxilia no tratamento pressão alta, gota e obesidade. Suco para febre e como refresco. As folhas são comestíveis.
Modo de usar: chá (infusão): colocar 1 copo de água fervente em 1 colher de sopa de "frutos" frescos ou 1 colher de sobremesa de "frutos" secos, tampar por 10 min., coar e tomar de 2 a 3 vezes ao dia. Geleia: em 1 copo de "frutos" frescos picados, colocar 1 copo de açúcar, levar ao fogo baixo por 20 min., resfriar e conservar na geladeira. Suco: bater no liquidificador 12 "frutos" frescos para cada litro de água.
Contraindicação: chá e suco na gravidez e amamentação. **Efeito colateral, toxicidade e interação medicamentosa:** não há relatos na forma indicada.

Observação: apesar de ter também o nome "groselheira", deve-se lembrar que "groselha" é o fruto de plantas do gênero *Ribes* (à esquerda, Siena, Itália) que não ocorrem no Brasil; o problema é o nome "hibisco" que causa confusões com espécies ornamentais como *Hibiscus rosa-sinensis* e *Hibiscus acetosella* (à direita).

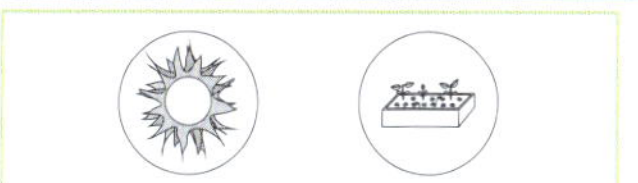
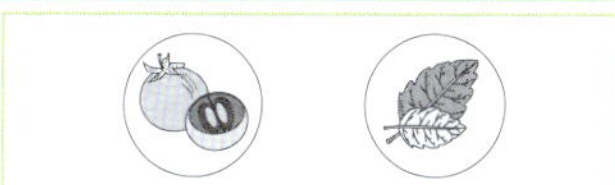

Rubim

Nome Específico: *Leonurus sibiricus* L.
Família: Lamiaceae (= Labiatae)

Outros nomes populares: erva-macaé e erva-dos-zangões.
Origem e História: nativa da China e Sibéria tem crescimento espontâneo em quase todo Brasil. Todas as partes desta planta vêm sendo empregadas na medicina popular há séculos, desde a antiguidade.
Descrição: erva anual, ereta, 20-80cm de alt., ramificada, caule quadrangular, aromática; folhas opostas, simples, muito recortadas, as basais largas, as terminais estreitas; flores bilabiadas, róseas com sépalas rígidas, reunidas em inflorescências axilares; fruto seco com quatro sementes, envolto pelo cálice. **Floração:** primavera-verão. **Manejo:** muito rústica, não requer cuidados especiais e é considerada planta invasora ("mato"). **Propagação:** sementes. **Partes usadas:** planta inteira (especialmente folhas).

Uso medicinal popular: o chá de plantas inteiras, depurativo e anti-inflamatório das vias urinárias, é indicado para pressão alta, nefrite e pedra nos rins. Tônico para o fígado e pâncreas. É digestivo e reduz cólicas e gases intestinais. Atua nas dores e inflamações das articulações.
Modo de usar: chá (infusão): colocar 1 copo de água fervente em 1 colher de sopa de planta fresca picada, tampar por 10 min., coar e tomar 3 vezes ao dia. **Contraindicação:** gravidez, amamentação e crianças **Efeito colateral:** não há relatos na dose indicada. **Interação medicamentosa:** potencializa a ação da planta cordão-de-frade.

Observação: o rubim pode ser confundido com outras espécies na fase juvenil; outras lamiáceas que podem crescer nas mesmas áreas são o cordão-de-frade, *Leonitis nepetaefolia*, (à esquerda), maior com flores laranjas e o cordão-de-são-francisco, *Leucas martinicensis,* (à direita), com folhas inteiras e flores brancas.

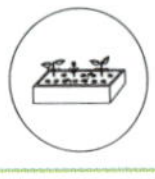

Sabugueiro

Nome Específico: *Sambucus nigra* L.
Família: Adoxaceae

Outros nomes populares: sabugueirinho e ébulo.
Origem e História: nativo da Europa e Ásia Ocidental é muito cultivado no mundo todo como ornamental.
Descrição: arbusto grande ou arvoreta de 3-4 m de alt., tronco tortuoso e casca fissurada, copa irregular e bastante ramificada; folhas opostas, compostas-pinadas, brilhantes, margens serreadas; flores pequenas, brancas, perfumadas, reunidas em inflorescências terminais corimbiformes; fruto drupa, globoso, atro-purpúreo (roxo quase preto). **Floração:** primavera-verão. **Manejo:** prefere climas temperados, porém adapta-se a climas mais quentes e solos ricos em matéria orgânica. **Propagação:** sementes e estaquia de ramos. **Partes usadas:** flores.

Uso medicinal popular: chá das flores secas para febre, tosse, gripes, resfriados e sinusites. Indicado em sarampo, catapora e gota. Banhos para afecções da pele como erisipela, eczemas, coceiras e lesões da mucosa oral. Alergias respiratórias e da pele.
Modo de usar: chá (infusão): colocar 1 copo de água fervente em 1 colher de sobremesa de flores secas, abafar por 5 min. e tomar de 1 a 2 vezes ao dia. Banhos: colocar 4 colheres de sopa de flores secas em 1 litro de água e ferver por 5 min., amornar e banhar as lesões, 2 vezes ao dia. **Contraindicação:** gravidez e lactação.
Efeito colateral e toxicidade: uso prolongado leva à queda de potássio, podendo reduzir a lactaçao, portanto, não deve ultrapassar 30 dias seguidos. Folhas e frutos verdes são tóxicos. **Interação medicamentosa:** com fenobarbital e morfina.

Observação: *Sambucus nigra* é a espécie usada e estudada como medicinal; no sul do Brasil ocorre *Sambucus australis* (à esquerda, foto da Internet), que tem uso regional; na Europa existem diversas espécies com muitas variedades que são plantas ornamentais, como *Sambucus ebulus* (à direita, Toulouse, França).

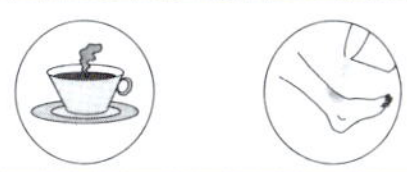

Salsa

Nome Específico: *Petroselinum crispum* (Mill.) Nyman ex A.W. Hill.
Família: Apiaceae (= Umbelliferae)

Outros nomes populares: salsinha, salsa-de-cheiro e salsa-das-hortas.
Origem e História: originária do Mediterrâneo e cultivada há milhares de anos. Os romanos conheciam suas propriedades medicinais e nutricionais.
Descrição: erva anual ou bianual, fortemente aromática, levemente entouceirada, de 15 - 30cm de alt.; folhas rosuladas, completas, compostas-pinadas, com recortes, cores e texturas dependendo do cultivar; flores pequenas, de cor amarelo-esverdeadas, em umbelas compostas, em longas hastes; frutos bi-aquênio, erroneamente denominados "sementes". **Floração:** primavera. **Manejo:** prefere solos úmidos, ricos em matéria orgânica. **Propagação:** sementes. **Partes usadas:** planta inteira, folhas e "sementes" (frutos).

Uso medicinal popular: chá de plantas inteiras para tratar pressão alta, cistite e prevenção de pedras nos rins. Banho de chá de "sementes" para piolhos de cabeça. Folhas e ramos na menopausa devido a atividade estrogênica. As folhas, muito utilizadas na culinária, são ricas em provitamina A (retinol) C, B1, B2, B6 e K e minerais como ferro, cálcio, zinco, selênio, cobre, flúor, magnésio e cromo.
Modo de usar: chá (infusão): colocar 1 copo de água fervente em 1 colher de sopa de planta picada e tomar em jejum e à tarde. Banho: colocar 1 copo de água fervente em 1 colher de chá de sementes esmagadas, tampar por 10 min., coar e enxaguar os cabelos em caso de piolhos. Culinária: finalização de pratos. **Contraindicação:** chá de planta para grávidas e lactantes. **Efeito colateral e toxicidade:** exposição solar após manejo pode causar fotossensibilização. **Interação medicamentosa:** inibidores de monoamina oxidase e anticoagulantes.

Observação: apesar das variedades e híbridos como a variedade crespa (à esquerda), a salsa, um dos temperos mais apreciados pelos brasileiros, tem um odor característico e, portanto, não é confundida com outras espécies; parecida, porém bem maior e sem odor há a mandioquinha, *Arracacia xanthorrhiza*, outra apiácea (à direita).

Sálvia

Nome Específico: *Salvia officinalis* L.
Família: Lamiaceae (= Labiatae)

Outros nomes populares: erva-sagrada, salva, salva-comum e salva-das-boticas. **Origem e História:** nativa do Mediterrâneo, é usada desde a antiguidade como aromática e ornamental. Na Idade Média passou a ser empregada como medicinal. À época era comum dizer: "quem tem sálvia em casa, não precisa de médico". **Descrição:** subarbusto perene, ereto, ramificado, 30-60cm de alt.; folhas opostas, simples, oblongas a lanceoladas, rugosas, pubescentes, verde acinzentadas; flores tubulosas, violeta-azuladas, em espigas terminais; fruto seco envolto pelo cálice. **Floração:** inverno-primavera. **Manejo:** climas amenos, solos arenosos, úmidos, sem encharcamentos. **Propagação:** sementes, divisão de touceiras e estaquia de ramos lenhosos. **Partes usadas:** folhas.

Uso medicinal: chá para má digestão, cólicas e falta de apetite. Uso em sudorese excessiva das mãos e axilas, e em transtornos menstruais. Auxilia no tratamento de gota, diabetes e colesterol alto. Tônico para cansaço físico e mental, ansiedade e depressão leve. Uso de vinho medicinal em cólicas menstruais. **Modo de usar:** chá (infusão): colocar um copo de água fervente em 1 colher de sopa de folhas, tampar 5 min., coar e tomar 2 vezes ao dia. Vinho medicinal: colocar 4 colheres de sopa de folhas picadas em 1 garrafa de vinho branco (750 ml), deixar em repouso por 10 dias, tomar 1 cálice 2 vezes ao dia, 10 dias antes da menstruação. Culinária: tempero. **Contraindicação:** gravidez, amamentação, crianças e convulsivos. **Efeitos colaterais e toxicidade:** pode reduzir a lactação. **Interação medicamentosa:** pode potencializar efeito de diazepínicos e barbitúricos. Cautela em uso concomitante com hipoglicemiante e hipotensor.

Observação: é de fácil identificação devido à cor, textura e aroma de suas folhas, apesar de ter variedades com folhas coloridas (à esquerda, Frankfurt, Alemanha) e variegadas, entretanto, existem sálvias ornamentais e medicinais como *Salvia leucantha* e espécies somente ornamentais como *Salvia splendens* (ambas à direita).

Sangra-d'água

Nome Específico: *Croton urucurana* Baill.
Família: Euphorbiaceae

Outros nomes populares: urucurana e sangue-de-drago.
Origem e História: nativa de terrenos úmidos e pantanosos em quase todo o Brasil até o México. Apreciada pelos indígenas que passam a seiva em ferimentos para estancar sangramentos, acelerar cicatrização e evitar infecção.
Descrição: árvore típica de margens de rios e lagoas, até 16m, copa aberta, tronco claro, látex vermelho escuro; folhas cordiformes, prateadas na face inferior e de coloração laranja antes de cair; flores pequenas verde-esbranquiçadas, unissexuais, dispostas em racemos compridos; fruto tricoca (seco, explosivo com três sementes). **Propagação:** sementes e estaquia de ramos. **Manejo:** prefere solos úmidos e ricos em nutrientes. **Floração:** verão. **Partes usadas**: látex ("leite" obtido com cortes superficiais, no início da manhã), e entrecascas de troncos e ramos (árvores com mais de 10 anos, ou tronco com mais de 35cm de diâm.).

Uso medicinal popular: o látex é usado em cortes, ferimentos superficiais e feridas, atuando também como protetor solar. Banhos ou compressas com chá de entrecasca em lesões da pele e de mucosas, psoríase, seborreia, eczemas e herpes.
Modo de usar: <u>látex</u>: lavar o ferimento, secar e aplicar com 1 colher limpa para formar uma película transparente e protetora. Para conservar a resina fluida após a coleta colocar 1 colher de chá (5 ml) de aguardente ou álcool etílico para cada meio copo (75 ml) de látex. <u>Banho</u> (decocção): ferver 2 copos (50 g) de entrecascas em 1 litro de água por 10 min., coar para banhos e compressas. Aplicar 2 vezes ao dia.
Contraindicação, efeito colateral, toxicidade e interação medicamentosa: não há relatos para uso externo.

Observação: espécie facilmente identificável pois cresce, geralmente, em margens de cursos-d'água, e possui folhas velhas de cor laranja; algumas espécies próximas são medicinais, como o capixingui, *Croton floribundus* (à esquerda); o nome "cróton" é usado para a espécie *Codiaeum variegatum* (à direita), ornamental e tóxica.

Sete-sangrias

Nome Específico: *Cuphea carthagenensis* (Jacq.) J.F. Macbr.
Família: Lythraceae

Outros nomes populares: guanxuma-vermelha e erva-de-sangue.
Origem e História: originária da América do Sul é frequente no Brasil, principalmente no Sudeste, comum em terrenos baldios, gramados e pastagens.
Descrição: erva anual ereta, pouco ramificada, caule avermelhado, piloso, áspero, 20-50cm de alt.; folhas opostas, simples, elípticas; flores róseo-avermelhadas, dispostas em grupos nas axilas foliares; fruto seco com poucas sementes. **Floração:** ano todo. **Manejo:** planta rústica e de crescimento espontâneo. Prefere solos úmidos e ricos em matéria orgânica. **Propagação:** sementes. **Partes usadas:** planta inteira (com ou sem raízes).

Uso medicinal popular: o chá da parte aérea é usado para pressão moderada, ansiedade, colesterol alto e obesidade. Chá da planta inteira é depurativo, combate febre e gota. O xarope da planta inteira é indicado para tosse dos cardíacos, inflamação das vias respiratórias e insônia.
Modo de Usar: chá (infusão): colocar 1 copo de água fervente em 1 colher de sopa de ramos com folhas e flores (parte aérea), tampar por 10 min., coar, tomar 3 vezes ao dia. Chá (decocção): ferver 1 copo de água com 1 colher de sopa de plantas inteiras e tomar 1 copo 3 vezes ao dia. Xarope: adicionar meio copo de açúcar a 1 copo de chá (decocção) de plantas inteiras, levar ao fogo até dissolver. Tomar 1colher de sopa de 2 a 3 vezes ao dia. **Contraindicação:** gravidez e crianças. **Efeito colateral e toxicidade:** em doses altas pode provocar diarreia**. Interação medicamentosa:** não há relatos na forma indicada.

Observação: o gênero *Cuphea* é composto por muitas espécies, incluindo uma ornamental, denominada falsa-érica ou cuféia, *Cuphea gracilis* (à esquerda); diversas espécies, como as duas apresentadas à direita, são selvagens e sem estudos farmacológicos quanto ao seu potencial medicinal.

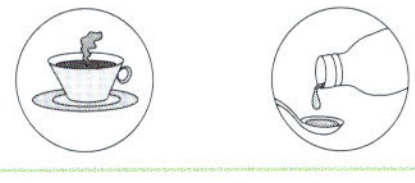

Tanaceto

Nome Específico: *Tanacetum vulgare* L.
Família: Asteraceae (= Compositae)

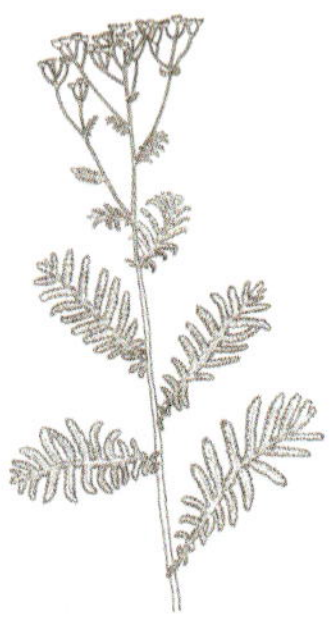

Outros nomes populares: catinga-de-mulata, erva-dos-vermes, tanásia e erva-são-marcos.
Origem e História: planta europeia que foi trazida pelos colonizadores e aclimou-se bem no Brasil, onde é cultivada como ornamental e medicinal; na Europa era utilizada para repelir traças, moscas e pulgas nas residências.
Descrição: subarbusto perene, ereto e aromático, formando uma pequena touceira de 70-120cm; folhas compostas-pinadas, margens muito recortadas; flores muito reduzidas, amarelo vivo, reunidas em capítulos; fruto seco, com uma semente. **Floração:** primavera-verão. **Manejo:** prefere solo bem drenado, fértil e pleno sol. **Propagação:** sementes e divisão de touceiras. **Partes usadas:** folhas.

Uso medicinal: chá das folhas em casos de cólicas menstruais, irregularidades e ausências menstruais e frigidez. Banho para sarna e piolhos.
Modo de usar: chá (infusão): colocar 1 copo de água fervente em 1 colher de sopa de folhas frescas picadas, tampar por 5 min., coar e tomar 3 vezes ao dia. Banho: colocar 4 copos de água fervente em 8 colheres de sopa de folhas frescas, tampar por 10 min., coar e aplicar no corpo no caso de sarna e na cabeça, em caso de piolhos, por 3 dias. Ferver roupas do corpo e de cama. **Contraindicação:** chá: gravidez, amamentação e crianças. Banho: contraindicado para crianças menores de 2 anos. **Efeito colateral e toxicidade:** dermatite de contato em pessoas sensíveis. Não usar por mais de 20 dias. Fazer intervalo de 7 dias. **Interação medicamentosa:** não há relatos no modo indicado.

Observação: o nome "catinga-de-mulata" está em desuso devido à conotação pejorativa e racista; quando sem flores, poderia ser confundido com *Achillea millefolium*, a mil-folhas (à esquerda), com folhas mais recortadas; espécie importante desse gênero é *Tanacetum parthenium* (o piretro), cujas plantas agem como inseticida natural (à direita).

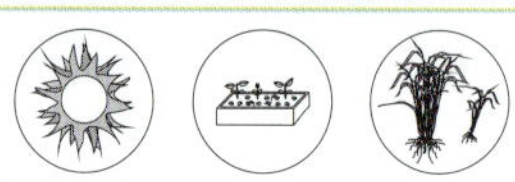

Tanchagem

Nome Específico: *Plantago major* L.
Família: Plantaginaceae

Outros nomes populares: tanchagem-maior, cinco-nervos e plantagem.
Origem e História: originária da Ásia, África e Europa onde é utilizada desde a Idade Média. Encontrada em todo o Brasil como planta invasora ("mato").
Descrição: erva bianual ou perene, acaule, 20-30cm de alt., folhas espatuladas, dispostas em roseta (rosuladas), pecíolo longo e nervuras bem destacadas; flores pequenas, esverdeadas em espigas eretas; fruto cápsula. **Floração:** primavera-verão. **Manejo:** prefere solos arenosos, ricos em matéria orgânica e umidade. **Propagação:** sementes. **Partes usadas:** folhas e sementes.

Uso medicinal popular: chá de folhas para inflamação das vias urinárias e próstata, asma alérgica e bronquite crônica. Indicada para úlcera gástrica, feridas crônicas com coceira e úlceras varicosas. Diurética, atua na pressão alta, gota e reduz o colesterol e triglicérides. Bochechos ou gargarejos em mucosite. O macerado de sementes atua contra intestino preso. As folhas são comestíveis.
Modo de usar: chá (infusão): colocar de 1 copo de água fervente em 2 colheres de sopa de folhas frescas picadas, tampar por 5 min., coar e tomar de 2 a 3 vezes ao dia; chá para gargarejos e bochechos 3 vezes ao dia. Maceração: colocar 1 copo de água fervente sobre 1 colher de sopa de sementes, deixar em repouso 1 noite, coar e tomar de manhã em jejum. Culinária: folhas novas em saladas. **Contraindicação:** gravidez e crianças, portadores de pressão baixa e sementes em obstrução intestinal. **Efeito colateral e toxicidade:** reações alérgicas às cascas de sementes (frutos) e pólen, e queda de pressão arterial. Usar por 30 dias com intervalo de 7 dias. **Interação medicamentosa:** potencializa digitálicos.

Observação: outras espécies desse gênero (*Plantago*) também são utilizadas com as mesmas finalidades desta aqui descrita, que é a mais utilizada e estudada; como espécies alternativas, podem-se citar a europeia *Plantago lanceolata* (à esquerda), comum no Brasil e a brasileira *Plantago australis* (à direita).

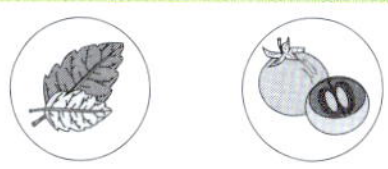

Tomilho

Nome Específico: *Thymus vulgaris* L.
Família: Lamiaceae (= Labiatae)

Outro nome popular: timo.
Origem e História: originário do Mediterrâneo é cultivado em todo o mundo para fins culinários. O nome de seu gênero (*Thymus*) significa coragem em grego. Assim como os gregos, os romanos acreditavam que a planta os encorajava, então seus ramos eram utilizados nos banhos e vestimentas dos guerreiros antes das batalhas.
Descrição: subarbusto perene, ereto, ramificado, entouceirado, muito aromático, 20-30cm de alt.; folhas pequenas, ovais e pontiagudas; flores pequenas, brancas, reunidas em inflorescências apicais; fruto formado por quatro núculas envoltas pelo cálice. **Floração:** verão. **Manejo:** prefere solos bem drenados, clima ameno e pleno sol. **Propagação:** sementes, estaquia de ramos e divisão de touceiras. **Partes usadas:** folhas e ramos novos.

Uso medicinal: chá para tosse, bronquite, asma e enfisema. Estimula a digestão, reduz cólicas, gases intestinais e diarreia. Analgésico e anti-inflamatório, o infuso concentrado em compressas alivia dores de torcicolos, entorses e reumatismo. Banho em feridas infectadas. Aromatizante de sopas, refogados e carnes.
Modo de usar: chá (infusão): colocar 1 copo de água fervente em 1 colher de sopa cheia de folhas e ramos (1 a 4 g), tampar por 5 min., coar e tomar de 2 a 3 vezes ao dia. Compressa: colocar 1 copo de água fervente em 4 colheres de sopa de folhas; tampar por 5 min., coar e usar para compressas por 15 min., 2 vezes ao dia. **Contraindicação:** gravidez, amamentação e crianças menores de 2 anos, hipertireoidismo e úlcera gastroduodenal. **Efeito colateral e toxicidade:** não há relatos na forma indicada. **Interação medicamentosa:** potencializa barbitúricos.

Observação: o gênero *Thymus* é formado por muitas espécies, subespécies, variedades (no Brasil há a variedade limão) e híbridos; o serpilho, uma espécie do mesmo gênero, *Thymus serpyllum* (à esquerda, Roma, Itália) e o tomilho-da-hungria, *Thymus pulegioides* subsp. *pannonicus* (à direita, Paris, França) ilustram a complexidade do gênero.

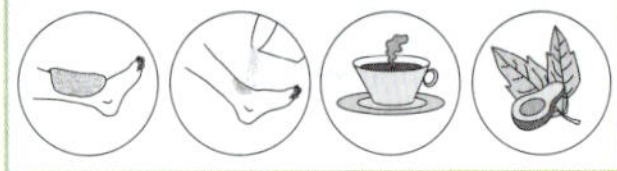

Unha-de-gato

Nome Específico: *Dolichandra unguis-cati* (L.) L.G. Lohmann
Família: Bignoniaceae

Outros nomes populares: batata-de-caboclo, unha-de-morcego, cipó-de-gato e andirapoambé.
Origem e História: nativa da América Central e do Sul ocorre em quase todo o território brasileiro, crescendo sobre árvores na orla das matas e capoeiras. Seu uso medicinal tem base na tradição indígena. Também é ornamental.
Descrição: trepadeira perene, lenhosa ("cipó"), ramos pendentes, raízes com espessamentos, vulgarmente denominados "nós"; folhas compostas, alternas, com folíolos laminares elípticos e/ou modificados em gavinhas; flores amarelas, em inflorescências pendentes, muito vistosas; fruto cápsula, longa e fina, com sementes achatadas e expansões aliformes ("asas"). **Floração:** primavera. **Manejo:** espécie silvestre, muito rústica que não exige manejo específico; apenas poda-se a planta caso esteja muito volumosa. **Propagação:** sementes e estaquia de ramos. **Partes usadas:** folhas e raízes ("nós").

Uso medicinal popular: o chá de folhas é indicado para diarreia, febre, reumatismo, picada de cobra e como diurético. O chá de "nós" das raízes é usado para hepatite e asma.
Modo de Usar: chá (infusão): colocar 1 copo de água fervente em 1 colher de sopa de folhas, tampar por 10 min., coar e tomar 3 vezes ao dia. Chá (decocção): ferver em fogo baixo, tampado, 3 colheres de sopa de raízes m meio litro de água, durante 10 min., coar e tomar 3 vezes ao dia. **Contraindicação:** gravidez, amamentação e crianças. **Efeito colateral, toxicidade e interação medicamentosa:** não há relatos na dose indicada.

Observação: muitas trepadeiras dessa família (Bignoniaceae) têm flores amarelas como a fava-de-arara, *Callichlamys latifolia* (à esquerda) e não são medicinais; o nome ''unha-de-gato'' também é usado para uma espécie amazônica, *Uncaria tomentosa* (à direita), com pequenos espinhos curvos e outras propriedades medicinais.

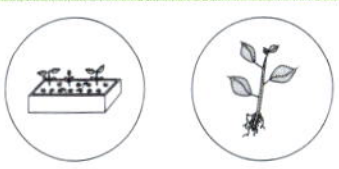

Urotropina

Nome Específico: *Parietaria officinalis* L.
Família: Urticaceae

Outros nomes populares: fura-paredes e parietária.
Origem e História: planta de origem europeia, cresce em fendas de muros e paredes. Muito utilizada desde a antiguidade e cultivada em várias partes do mundo.
Descrição: erva perene, caule ereto, pilosa; folhas opostas, inteiras lanceoladas a elípticas; flores pequenas, esverdeadas em glomérulos, nas axilas das folhas; fruto seco, tipo aquênio. **Floração:** junho-outubro. **Manejo:** cresce bem em qualquer solo e não necessita de cuidados especiais, porém, prefere meia sombra. **Propagação:** sementes, divisão de touceiras e estaquia de ramos (com raízes). **Partes usadas:** parte aérea (ramos com folhas e flores, mas especialmente, folhas).

Uso medicinal popular: chá para a inflamação da bexiga e dos rins, pedra nos rins e como diurético. Banho em hemorroidas e fissura anal. Cataplasma em abscessos e furúnculos.
Modo de usar: <u>chá</u> (infusão): colocar 4 copos de água fervente em 1 copo de ramos com folhas e flores picados, tampar por 10 min., coar e tomar 1 copo 3 a 4 vezes ao dia. <u>Banho de assento</u> (infusão): colocar 1 litro de água fervente em 2 copos de ramos com folhas e flores, abafar por 10 min., coar e banhar 2 vezes ao dia. <u>Cataplasma</u>: amassar bem folhas e ramos, esparramar entre 2 panos limpos e colocar sobre a lesão. **Contraindicação:** gravidez. **Efeito colateral e toxicidade:** pode provocar rinite na época da floração. **Interação medicamentosa:** não há relatos no modo indicado.

Observação: é facilmente identificável e não se costuma confundi-la com outras espécies; apesar de ser uma urticácea, suas folhas não "queimam" (não são urentes) como as de suas parentes medicinais, a urtiga européia, *Urtica dioica* (à esquerda, Stella/Lizarra, Espanha) e o urtigão, *Urera caracasana* (à direita), espécie brasileira.

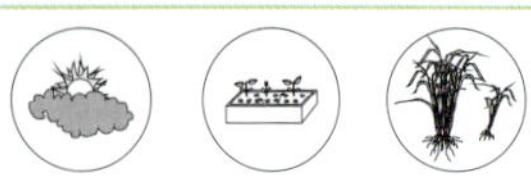
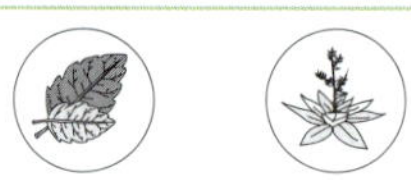

Urucum

Nome Específico: *Bixa orellana* L.
Família: Bixaceae

Outros nomes populares: urucú e achiote.
Origem e História: originário da América tropical, incluindo a Amazônia brasileira, é cultivado para dar cor e sabor aos alimentos, sendo um dos únicos corantes naturais vegetais para alimentos, rico em vitaminas e sais minerais. Muitos povos indígenas usam o pigmento, proveniente da parte externa das sementes (arilo), para pintura corporal. Tal pigmento apresenta propriedades medicinais.
Descrição: árvore ou arbusto, 3-5m de alt., tronco revestido por casca parda e copa densa; folhas simples, ovais; flores róseas, com belo efeito ornamental em cachos; fruto cápsula, coberto por espinhos flexíveis de cor vermelha ou marrom. **Floração:** (final de) verão-outono (início). **Manejo:** cresce em quaisquer tipos de clima e solo, sem exigir tratos culturais. **Propagação:** sementes. **Partes usadas:** arilo das sementes (parte vermelha); o fruto ("casca com espinhos") é tóxico.

Uso medicinal popular: O macerado a frio de sementes para má digestão, gripe, asma e palpitação do coração. A pasta de sementes com azeite age contra queimaduras, picadas de insetos e protetor solar. O pó (pigmento vermelho) é antioxidante e redutor de colesterol. O colorau dá cor e sabor aos alimentos.
Modo de Usar: maceração: colocar 1 colher de chá de sementes em 1 copo de água, deixar por 12h, coar e tomar 2 vezes ao dia. Culinária: receita de colorau: colocar no pilão meio copo de sementes, 1 colher de sopa de óleo e meio copo de fubá fino, pilar até ficar avermelhado, coar em peneira fina, secar à sombra sob ventilação e guardar em frasco escuro. **Contraindicação:** gravidez e amamentação. **Efeito colateral e toxicidade:** não há relatos na dose indicada.

Observação: muito ornamental pelo porte elegante e belas flores (à esquerda), é de fácil identificação; o urucum cultivado foi domesticado por populações indígenas centro e sul americanas; pode apresentar frutos vermelhos (à direita), aumentando seu potencial ornamental; vai bem na arborização urbana.

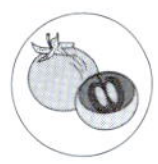

Violeta

Nome Específico: *Viola odorata* L.
Família: Violaceae

Outros nomes populares: violetinha e viola.
Origem e História: originária da Europa e Ásia Ocidental era considerada símbolo de fertilidade e amor pelos antigos gregos e desde essa época é usada para fins medicinais. Também é considerada o símbolo da humildade. Na Europa (especialmente no Sul da França), as flores são consumidas cristalizadas, vendidas em frascos ou decorando bolos.
Descrição: planta herbácea, perene, rizomatosa, 10-20cm de alt.; folhas rosuladas, simples, cordiformes, longo-pecioladas; flores solitárias, perfumadas, de cor violeta, dispostas em longos pedúnculos, originadas diretamente na base na planta; fruto cápsula. **Floração:** primavera. **Manejo:** solo areado, levemente úmido, rico em matéria orgânica, a meia sombra. **Propagação:** estaquia de rizomas e divisão de touceiras. **Partes usadas:** flores e folhas.

Uso medicinal: chá de flores para tosse com catarro, bronquite e febre. Chá de folhas como laxativo e diurético leve, e em compressas para conjuntivite, irritações e úlceras na pele. Cataplasma de folhas em furúnculos e cistos. Flores comestíveis.
Modo de usar: chá (infusão): colocar 1 copo de água fervente em 1 colher de sopa de flores e tomar 3 vezes ao dia. Chá (infusão): colocar meio litro de água fervente em 2 copos (12 g) de folhas e tomar 1 copo, 3 vezes ao dia. Cataplasma: à base de folhas cozidas no vapor, sobre as lesões da pele. Culinária: flores *in natura* decoram sobremesas e podem ser consumidas em saladas. **Contraindicação:** gravidez e amamentação. **Efeito colateral, toxicidade e Interação medicamentosa:** não há relatos no modo indicado.

Observação: a violeta é parente próxima do amor-perfeito, *Viola tricolor* (à esquerda, Bolonha, Itália), também selvagem na Europa e com inúmeros cultivares (variedades melhoradas); não deve ser confundida com a violeta-africana, *Saintpaulia ionantha* (à direita), da família Gesneriaceae, ornamental e cultivada em vasos.

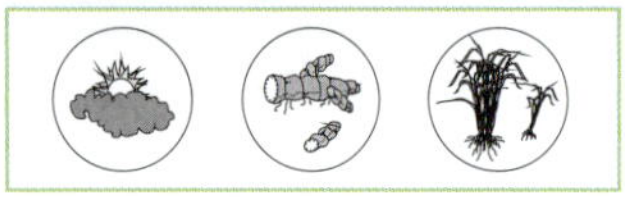  

Vique

Nome Específico: *Mentha arvensis* var. *piperacens* Malinv. ex Holmes
Família: Lamiaceae (= Labiatae)

Outros nomes populares: menta-japonesa e hortelã-canforada.
Origem e História: originária da Europa e Ásia, essa variedade de hortelã tem um óleo essencial rico em mentol utilizado na indústria como aromatizante, em fragrâncias e condimento alimentar.
Descrição: erva anual ou perene, ereta de 30-60cm de alt., com odor e sabor mentolado forte; folhas elíptico-lanceoladas a largamente ovaladas, levemente denteadas e com indumento piloso; flores pequenas, bilabiadas, roxas ou lilases em inflorescências terminais; fruto formado por quatro núculas encerradas dentro do cálice. **Floração:** junho-agosto. **Manejo:** cresce bem a pleno sol, prefere solos estercados e água em abundância. **Propagação:** estacas de ramos e mergulhia. **Partes usadas:** folhas.

Uso medicinal popular: o chá de folhas é descongestionante nasal, analgésico e anti-inflamatório, aliviando os sintomas da gripe e resfriado, tosse e bronquite. Uso em má digestão, náusea e vômito. Útil em dor de cabeça. Folhas amassadas são usadas para congestão nasal ("nariz trancado"), picadas de insetos e coceiras.
Modo de usar: chá (infusão): colocar 1 copo de água quente em 8 folhas, abafar por 5 min. e tomar 1 copo, 2 a 3 vezes ao dia. **Contraindicação:** chá durante gravidez, amamentação, menores de 7 anos e obstrução de vias biliares. **Efeito colateral e toxicidade:** o óleo essencial deve ser usado sob orientação de profissional de saúde devido ao risco de parada respiratória. **Interação medicamentosa:** não há relatos no modo indicado.

Observação: essa planta é uma das variedades de *Mentha arvensis*, a hortelã-do-campo, dos europeus (à esquerda, Paris, França), com odor característico que lembra o da cânfora, *Cinnamomum camphora* (à direita) uma árvore de médio porte, da família Lauraceae (canela, louro e abacateiro), originária do sudeste asiático.

Vitex

Nome Específico: *Vitex agnus-castus* L.
Família: Lamiaceae (= Labiatae)

Outros nomes populares: anho-casto e árvore-da-castidade.
Origem e História: nativo da região mediterrânea e amplamente cultivado no Hemisfério Norte, onde sempre se acreditou ser um anafrodisíaco (inibidor da libido), mas sua eficácia ainda é controversa. Registros atestam que mulheres romanas, cujos maridos estavam no exterior com as legiões, espalhavam as folhas aromáticas dessa planta em seus leitos para lhes reduzir o apetite sexual.
Descrição: arbusto ou arvoreta de até 5m de alt.; folhas aromáticas, opostas, compostas-palmadas (5-7 folíolos), folíolos lineares; flores lilases (de brancas a violeta), bilabiadas, perfumadas, em cachos complexos; fruto baga, roxo escuro, envolto pelo cálice. **Floração:** maio-setembro. **Propagação:** sementes e estacas. **Manejo:** exige pleno sol ou sombra parcial (em regiões muito quentes), juntamente com solos bem drenados. **Partes usadas:** frutos e folhas (menos usadas).

Uso medicinal: chá (frutos ou folhas) em menstruação irregular, TPM (Tensão Pré-menstrual) e cólicas menstruais. Atua nos casos de menopausa, dor nas mamas e acne. Tratar sob orientação médica em infertilidade feminina e ovário policístico.
Modo de usar: chá (infusão): colocar 1 copo de água fervente sobre uma colher de sopa de folhas picadas, tampar por 10 min., coar e tomar 3 vezes ao dia. Chá (decocção): ferver 1 colher de chá de frutos secos, levemente triturados em 1 copo de água por 5 min., coar e tomar 1 copo 3 vezes ao dia. **Contraindicação:** gravidez, crianças e antecedente de câncer de mama. **Efeito colateral e toxicidade:** raro aumento de fluxo menstrual e cefaleia. **Interação medicamentosa:** não usar com reposição hormonal e anticoncepcionais.

Observação: essa espécie não é confundida com outras medicinais devido à inserção (opostas cruzadas) e composição das folhas (compostas-palmadas); no Brasil, outras espécies de *Vitex* são encontradas como selvagens, algumas arbóreas, e com usos medicinais regionais, mas não cultivadas para esses fins (à esquerda e à direita).

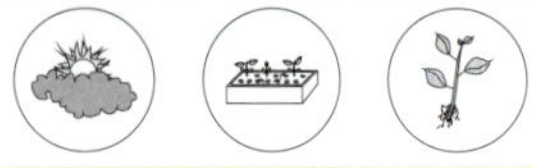

Zedoária

Nome Específico: *Curcuma zedoaria* (Christm.) Roscoe
Família: Zingiberaceae

Outro nome populare: raiz-de-zedoária e falsa-cúrcuma.
Origem e História: é nativa do sudeste asiático e cultivada no Brasil para fins medicinais e como ornamental. Mundialmente utilizada há séculos na medicina tradicional para facilitar a digestão.
Descrição: erva perene, rizomatosa, entouceirada, caducifólia, de 30-120cm alt.; folhas lanceoladas, 15-30cm compr., membranáceas, mancha purpúrea acompanhando a nervura central; flores amarelas em espigas, mais curtas que a folhagem, brácteas apicais vináceas, as do centro e da base verdes; fruto cápsula.
Propagação: estaquia de rizomas. **Manejo:** prefere solos arenosos, bem drenados e ricos em matéria orgânica. **Floração:** outono. **Partes usadas:** rizomas (erroneamente denominados "raízes").

Uso medicinal: chá para gastrite, úlcera gástrica, má digestão, gases e cólicas intestinais. Estimula a vesícula biliar, reduz o colesterol e trata a gota. Alcoolatura para halitose.
Modo de usar: chá (decocção): ferver 1 copo de água, colocar 1 colher de sobremesa de fatias finas de rizoma fresco ou uma colher de chá de rizoma seco triturado, manter em fervura em fogo baixo, tampado por 5 min., coar e tomar 1 copo antes das refeições. Alcoolatura: colocar 2 colheres de sopa de rizoma fatiado em 1 copo de álcool de cereais a 80%, descansar por 20 dias, coar e tomar 1 colher de café diluído em água, 10 min. antes das refeições. **Contraindicação:** gravidez e amamentação. **Efeito colateral e toxicidade:** no início do tratamento pode ocorrer diarreia. **Interação medicamentosa:** sem referência no modo indicado.

Observação: poderia ser confundida com o açafrão-da-índia, *Curcuma longa* (à esquerda e à direita), cujas folhas não apresentam faixa vinácea ao longo da nervura principal, as brácteas ("folhas" apicais da inflorescência) são brancas e o rizoma é alaranjado; há também *C. xanthorriza*, com rizomas amarelados e flores violáceas.

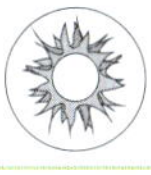

Preparo do Solo e Compostagem

Agricultura Orgânica

A produção natural ou orgânica que se destaca pelo cuidado especial com o preparo do solo, sua estrutura física, química e biológica e por não utilizar agrotóxicos, nem adubos sintéticos, e é a mais recomendada para o cultivo das espécies medicinais, pois no cultivo destas plantas precisamos produzir biomassa (folhas, flores, frutos, cascas, raízes etc.), com presença de princípios ativos com teor e composição química específicos para garantir o seu efeito medicinal.

O sistema orgânico de produção possibilita o desenvolvimento de plantas sadias e com potencial para fabricação de princípios ativos sem qualquer interferência ou contaminação de outras substâncias químicas como a dos defensivos agrícolas ("agrotóxicos"), ou seja, aumentam a possibilidade da obtenção de um produto final (planta medicinal colhida) de alta qualidade.

Entre os adubos orgânicos, podemos destacar o composto orgânico que é o resultado da compostagem de resíduos orgânicos, na qual se reciclam ricos materiais vegetais que muitas vezes considerados lixo, como cascas de legumes e frutas, e borra de café, que após o processo de decomposição ou compostagem viram adubo, ou seja, composto orgânico.

Preparo de Solo e Fertilização

Para o preparo da área de plantio, é muito importante o afofamento do solo que proporcionará a quebra de possíveis camadas de impedimento para o crescimento das raízes.

Na agricultura orgânica é recomendado o uso de corretivos que atuam na acidez e na fertilidade do solo. O mais conhecido é o calcário usado para corrigir a acidez do solo. Temos também rochas naturais fosfatadas que corrigem o teor de fósforo, nutriente importante para o desenvolvimento das plantas e o pó de rocha que é fonte de vários minerais.

Para que estes nutrientes fiquem disponíveis na solução do solo e assim poderem ser absorvidos pelas plantas, há a necessidade da ação dos microrganismos presentes na matéria orgânica. Por isso, é importante a adição de composto orgânico no preparo do solo visando a melhoria de sua fertilidade, sendo fonte e disponibilizando os macro e micronutrientes responsáveis pelo crescimento e metabolismo das plantas.

Compostagem

A compostagem é um processo natural que consiste na mistura de diferentes restos vegetais, que gradativamente vão se decompondo até formar húmus ou composto orgânico. Essa prática pode ser realizada na própria propriedade ou em pequenos recipientes. É importante destacar que esta decomposição é aeróbica, ou seja, ocorre com a presença de ar. Outro fator importante é a manutenção da umidade do material a ser decomposto.

A seguir, serão descritos dois métodos de compostagem. O primeiro é o mais tradicional e pode ser usado para pequenos produtores. Já o segundo método é a forma caseira, sendo a compostagem feita em um pequeno recipiente.

Compostagem na Área de Cultivo

Em um pequeno espaço é feita a mistura de diferentes restos vegetais: galhos secos, restos de grama, cascas, polpas e folhas. De uma maneira geral, a compostagem deve ser formada pela seguinte proporção: uma parte de materiais verdes, ricos em nitrogênio, como folhas verdes, cascas de frutas, polpas e borra de café, e três partes de resíduos secos ricos em carbono, como grama seca, palhas e galhos.

O composto é feito sobrepondo os resíduos orgânicos, formando-se pilhas ou leiras. A montagem da leira é realizada alternando os diferentes tipos de resíduos em camadas com espessura em torno de 20 cm. Em seguida, a mistura é umedecida e deve ser remexida periodicamente, até o material orgânico virar uma terra vegetal ou húmus, também chamado de composto orgânico.

Caso haja disponibilidade de esterco animal, a sua utilização como fonte de nitrogênio e de microrganismos decompositores acelera a formação do composto diminuindo o tempo de compostagem.

A compostagem é um processo de fermentação e por isso é normal o aquecimento da pilha durante a decomposição dos resíduos. O composto está pronto quando forma uma massa uniforme, fria e curtida, com cor escura, textura leve e odor característico de terra de mata.

Compostagem Caseira em Pequenos Recipientes

Não são necessárias grandes áreas para se fazer a compostagem. Na própria residência é possível formar compostos de boa qualidade que irão suprir as necessidades nutricionais das plantas.

Utilizando uma caixa plástica ou balde com furos embaixo, sobrepomos camadas dos mesmos resíduos verdes e secos já citados anteriormente. A mistura deve ser umedecida e misturada semanalmente. É normal nesse método a formação de um cheiro desagradável no começo do processo de decomposição do material. Para a correção disso, faz-se a mistura das camadas e procura-se colocar os resíduos na proporção de 3:1 - três partes de materiais ricos em carbono (secos) e uma parte de materiais ricos em nitrogênio (verdes).

restos vegetais "verdes" (folhas, frutos e cascas).

uma pilha de material vegetal em fase final de decomposição sendo misturada.

compostagem realizada em pequenos recipientes.

Propagação e Formação de Mudas

Introdução

Para um maior sucesso no cultivo das plantas medicinais, é necessário conhecer como essas plantas são propagadas, obtendo desta forma mais eficiência na produção da matéria-prima de melhor qualidade. Há duas formas da propagação de plantas: sexuada e assexuada.

Propagação Sexuada: Semeadura

É a multiplicação por sementes e pode apresentar variação genética, isto é, as plantas originadas por sementes podem não são idênticas à planta mãe.

As sementes são colocadas diretamente em canteiros de areia ou terra preparada, ou ainda, em bandejas de isopor ou plástico com substrato. Após a semeadura, cobrem-se as sementes com uma fina camada de areia, terra peneirada ou substrato. A umidade da cobertura deve ser mantida, evitando encharcamento.

Para o plantio, devem ser escolhidas as sementes de maior tamanho, pois elas possuem maior reserva para a formação da nova planta. Também devem ser selecionadas de plantas sadias e mais produtivas em biomassa e princípios ativos. São descartadas as sementes defeituosas ou que tenham algum sinal de doenças, principalmente aquelas causadas por fungos (sementes mofadas).

Propagação Assexuada

A multiplicação se dá por órgãos da própria planta, através de estacas, rizomas, divisão de touceiras e rebentos. A vantagem é que se conhecem as características da planta mãe e tanto o crescimento como o desenvolvimento são mais rápidos se comparados a uma planta da mesma espécie propagada por sementes.

Certas espécies, no entanto, só são propagadas por sementes, como: camomila-alemã, erva-de-santa-maria e tantas outras.

Estaquia

As estacas podem ser recebidas em sacos plásticos, vasos ou bandejas, previamente preparadas com substrato, formado em geral por 3 partes de terra, 2 partes de areia e 1 parte de esterco curral curtido ou composto orgânico.

As estacas devem ser colocadas à meia luz, de preferência expostas ao sol da manhã, evitando a exposição direta ao sol durante o dia todo, e a umidade do substrato deve ser controlada. Não se deve deixar faltar água, assim como o encharcamento tem que ser evitado. Geralmente, nas épocas mais quentes, deve-se aguar os recipientes duas vezes ao dia.

O plantio deve ser feito aproximadamente dois meses após a estaquia, quando a estaca já apresenta um sistema radicular bem desenvolvido e brotações novas, estando apta para ser plantada no local definitivo de cultivo.

Estaquia de Ramos ("Galhos")

As estacas devem ser colhidas nas primeiras horas da manhã. Em seguida, precisam ser cortadas logo abaixo do nó na parte inferior. As estacas de ramos não lenhosos devem ter um tamanho de 10 - 30 cm, com pelo menos três gemas, das quais pelo menos uma deve ser enterrada. Nas estacas semi-lenhosas, de 7 - 15 cm, é preciso deixar 1 - 2 pares de folhas cortadas ao meio na parte superior. Estacas com folhas são grandes devem ter estas cortadas ao meio para reduzir a transpiração. Estaquia de ramo é uma técnica utilizada para uma série de plantas medicinais, como cidreira-em-rama, guaco, manjericão, alfavaca e tantas outras.

Estaquia de Folhas

Utilizada para plantas que possuem folhas carnosas ou suculentas. Geralmente, são feitas com folhas inteiras, mas certas espécies se propagam por pedaços de folhas. A propagação por estaquia de folhas é utilizada para bálsamo, folha-da-fortuna e jurancim.

Estaquia de Raiz

São feitas para raízes que possuem armazenamento (raízes tuberosas), como confrei e guiné. As que se propagam por estacas de raízes são de difícil erradicação de um determinado local, pois basta um pedacinho no solo para gerar uma nova planta.

Estaquia de Rizomas

Rizomas são caules subterrâneos, que podem ser cortados e plantados diretamente no campo, em viveiros ou sacos plásticos. Alguns são mais carnosos, como o gengibre e o açafrão-da-índia. Já outros são delgados como o poejo e as hortelãs.

O plantio de gengibre pode ser feito direto no campo em covas de 15 x 15 cm e em covas de 10x 10 cm para cúrcuma. Nos dois casos, as covas devem ser estercadas e cobertas com solo. O solo deve ser revolvido para incorporar o esterco, material orgânico e facilitar o crescimento dos rizomas. O símbolo deste tipo de propagação foi usado também para a propagação de bulbilhos ("filhotes") subterrâneos.

Divisão de Touceiras

A separação ou divisão da touceira de uma planta, é feita para as espécies que perfilham (formam touceiras, através de brotações caulinares basais). Após a separação das mudas, as folhas devem ser cortadas, deixando cerca de 1 palmo (da base até o corte), e o excesso de raízes deve ser retirado. O plantio pode ser feito em saquinhos ou no local definitivo, em solo estercado. Pode ser usada para capim--santo, violeta e moranguinho, por exemplo.

Divisão de Rebentos

Algumas plantas apresentam brotações chamadas popularmente de "filhotes" ou "rebentos". Os mais desenvolvidos são destacados da planta matriz e podem ser plantados diretamente no local definitivo. Já os menores devem ser plantados em saquinhos ou vasos e mantidos em viveiros ou a meia sombra até desenvolverem as raízes. Esses rebentos surgem em caules aéreos (babosa), em inflorescências velhas (cana-do-brejo), ou ainda no final de estolões - caules finos que "correm" sobre a terra (moranguinho).

Alporquia

Esse método é usado para espécies lenhosas. Um ramo da planta mãe é selecionado, e nele é feito um semi-anelamento que consiste em remover a sua casca sem completar o círculo. Depois essa região é envolvida por algum produto que mantenha a umidade e imeça a proliferação de patógenos, como o esfágno - um tipo de musgo. Finalmente esse substrato é envolvido em plástico e amarrado, acima e abaixo da faixa sem casca. Depois de algum tempo vão surgir raízes nesse substrato. O plástico é então retirado e corta-se o ramo, já enraizado como uma nova muda.

Outros

Existe ainda a enxertia (especialmente para frutíferas) e a mergulhia que consiste em flexionar um ramo até o solo e cobrí-lo parcialmente com terra para estimular seu enraizamento. Por fim, ele é cortado, e tem-se uma estaca já com raiz.

Como já citado, este guia traz símbolos para formas de propagação e alguns relativos ao cultivo: plantas de pleno sol ou de sombra (sol parcial), plantas que apreciam bastante água e aquelas que exigem ou crescem melhor com alguma poda de condução ou de estímulo à produção:

semeadura

divisão de touceiras

divisão de rebentos

alporquia

estaquia de ramo

estaquia de folha

estaquia de raiz

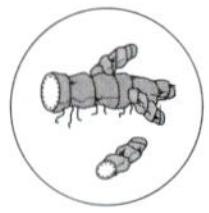

estaquia de rizoma e bulbos

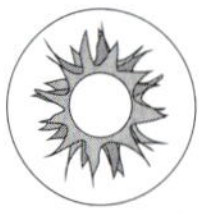

pleno sol

sol parcial

rega abundante

poda

Controle Natural de Pragas e Doenças

Introdução

No cultivo orgânico, para o controle de pragas e doenças, é recomendado que se faça primeiramente o manejo preventivo, iniciando com o bom preparo do solo, seguido de uso de sementes e mudas sadias e outras práticas culturais como conservação do solo, adubação equilibrada, irrigação racional e o plantio entremeado com plantas companheiras que servem como atrativas (exemplos: cravo-de-defunto e girassol) ou repelentes (alecrim, hortelã, manjericão e urtiga).

Outra prática importante é a promoção e manutenção de inimigos naturais como animais (aves, sapo, lagartixa etc.) e insetos predadores (joaninhas, vespas etc.) ou parasitas (bactérias, fungos e vírus) que controlam o crescimento da população das pragas e dos microrganismos causadores de doenças, realizando assim o chamado controle biológico. A catação manual de pragas, eliminação de plantas doentes, uso de placas adesivas coloridas e uso de armadilhas luminosas, são opções mecânicas de controle que também podem ser utilizadas.

Caso este manejo preventivo e planejado não seja suficiente para controlar a população das pragas e doenças, podemos realizar um manejo reativo com produtos naturais com baixo nível toxicológico. Alguns produtos permitidos pela legislação federal de orgânicos são: enxofre, calda bordalesa e calda sulfocálcica, sulfato de alumínio, pó de rocha, cal hidratada, *Bacillus thuringiensis* (uma bactéria), preparados viróticos, fúngicos ou bacteriológicos, extratos de insetos, extratos de plantas (excluindo o fumo), terras diatomáceas (pó-de-mico), azadiractina (nim), óleos vegetais e preparados homeopáticos. O aplicador destes produtos deve usar equipamento de proteção individual (EPI).

Principais Pragas

Ácaros: são "primos" das aranhas, sugadores na maioria e invisíveis a olho nu. Sua presença é indicada por teias na parte inferior das folhas, em brotações novas, em flores e frutos. Cravo-de-defunto, coentro e alho são plantas que os repelem.

Cochonilhas: são minúsculos insetos sugadores que podem ou não ter carapaça e que se encontram na parte inferior das folhas e nas fendas. Elas sugam a seiva da planta e liberam uma substância açucarada, e por isso geralmente são acompanhados de formigas. Joaninhas e vespas são suas predadoras naturais.

Formigas: são insetos que, quando são cortadeiras, podem acabar com todas as folhas da planta que servem para nutrir os fungos que são o seu alimento. Vinagre e cal virgem são usados na tentativa de eliminar esses fungos e, assim, as formigas. Tanaceto é uma planta repelente de formigas.

Lagartas: fase jovem das borboletas e mariposas, algumas possuem pelos urticantes (lagartas de fogo) e outras são verdes da cor da folha, difíceis de serem percebidas. Há ainda outras como a lagarta-rosca, que tem coloração parda e corta as plantas rente ao solo, ficando enroladas para se proteger e são encontradas quando estão a uns 10 cm de profundidade, ao redor da planta. Para controle, fazer catação manual (utilizar luvas adequadas). Alecrim pode repelir algumas lagartas.

Lagartas do maracujá: existem 2 lagartas que atacam o maracujazeiro, sendo uma que vive em grupo e outra solitária. Ambas o desfolham, comprometendo a produção. Em culturas pequenas, recomenda-se a catação manual dos ovos e das lagartas e o plantio próximo a matas nativas para aumentar os inimigos naturais, como alguns percevejos e vespas que são predadores destas lagartas.

Larva minadora: fase jovem de alguns insetos que formam galerias nas folhas. Para controle, eliminar as folhas afetadas e usar placas amarelas adesivas e atrativas de insetos. O alho é repelente dessas larvas.

Lesmas e caracóis: são moluscos que atacam raízes e folhas. A maior infestação ocorre na época das chuvas. Para controle é recomendado o uso de armadilhas atrativas (estopas embebidas com leite ou cerveja) para posterior eliminação.

Pulgões: insetos sugadores de multiplicação muito rápida, com coloração variada, que atacam brotos novos na parte inferior das folhas e nos caules, produzindo uma substância açucarada que deixa a planta mais susceptível a outras pragas. As joaninhas são predadoras naturais e comem seus ovos. Às vezes um bom jato d'água, elimina os pulgões. O cravo-de-defunto pode ser usado como repelente e o mentrasto atrai joaninhas. O uso de placas amarelas adesivas também é recomendado.

Vaquinhas: besouros pequenos e rajados que se alimentam das folhas. Mentrasto e erva-de-santa-maria podem ajudar a repelir. O uso de placas amarelas adesivas é recomendado.

Principais Doenças

Os principais causadores de doenças são os fungos, as bactérias e os vírus.

O manejo equilibrado da adubação e da irrigação são muito importantes para o controle das doenças. Recomenda-se a eliminação das plantas doentes e o controle dos insetos vetores de viroses.

A cavalinha, planta rica em sílica, é usada para aumentar a resistência das plantas. A perpétua é uma planta antiviral, podendo ser usada na produção de mudas, estágio crítico das plantas em relação ao contágio por vírus.

Plantas Companheiras e Produtos Naturais de Controle

Plantas companheiras

Plantas como citronela (*Cymbopogon winterianus*), arruda (*Ruta graveolens*), mentrasto (*Ageratum conyzoides*), capuchinha (*Tropaelum majus*) e cravo-de--defunto (*Tagetes* spp.), repelem ou atraem para si insetos e devem ser cultivadas no meio da horta medicinal, ajudando no controle de pragas.

Produtos naturais

A aplicação destes produtos deve ser complementar às práticas preventivas e ser realizada somente quando for necessária, respeitando-se as dosagens, frequências de aplicação e o uso do EPI. A seguir, algumas receitas destes produtos naturais.

Chá de cravo-de-defunto (*Tagetes minuta* e *Tagetes erecta*)
Indicação: pulgões, ácaros e algumas lagartas
Ingredientes:
1 Kg de folhas de cravo-de-defunto
10 litros de água
Preparo e aplicação
Misturar os ingredientes e ferver por meia hora ou deixar macerando por 2 dias. Coar e pulverizar sobre as plantas.

Chá de losna (*Artemisia absinthium*)
Indicação: lagartas e lesmas
Ingredientes:
30 gramas de folhas secas de losna
1 litro de água
Preparo e aplicação
Misturar os ingredientes e ferver por 10 minutos. Para utilizar, adicionar o chá em 10 litros de água e pulverizar no início da infestação.

Preparado de pimenta (*Capsicum* spp.)
Indicação: vaquinhas
Ingredientes:
500 gramas de pimenta vermelha
4 litros de água
5 colheres de sopa de sabão de coco em pó
Preparo e aplicação
Bater bem as pimentas em liquidificador com 2 litros de água. Coar o preparado e misturar com sabão em pó, acrescentando os 2 litros de água restantes. Pulverizar sobre as plantas atacadas.

Preparado com pimenta-do-reino (*Piper nigrum*)
Indicação: pulgões, ácaros e cochonilhas
Ingredientes:
100 gramas de pimenta-do-reino
60 gramas de sabão de coco
1 litro de álcool
1 litro de água
Preparo e aplicação
Colocar a pimenta no álcool durante 7 dias, dissolver o sabão de coco em água fervente, retirar do fogo e acrescentar o álcool com pimenta já macerado por 7 dias. Utilizar um copo cheio para 10 litros de água, fazendo 3 pulverizações, 1 a cada 3 dias.

Chá de camomila-alemã (*Chamomilla recutita*)
Indicação: doenças fúngicas de sementeira

Ingredientes:
1 xícara de flores de camomila
1 litro de água fria
Preparo e aplicação
Misturar os ingredientes e deixar macerando durante 1 ou 2 dias. Pulverizar as plantas da sementeira diariamente, de forma preventiva.

Preparado com cavalinha (*Equisetum* sp.)
Indicação: doenças fúngicas
Ingredientes:
300 gramas de cavalinha seca
10 litros de água
Preparo e aplicação
Ferver a cavalinha na água por 10 minutos. Coar e efetuar 1 diluição de 1:10 e aplicar sobre as plantas.

Preparado com arruda (*Ruta graveolens*)
Indicação: pulgões, formigas
Ingredientes:
100 gramas de folhas picadas da arruda
1 litro de água fervente
Preparo e aplicação
Adicionar a água fervente sobre as folhas picadas e abafar; deixar em infusão por 24 horas. Coar, diluir em 10 litros de água e pulverizar as plantas atacadas. Para controlar formigas, colocar o filtrado dentro dos formigueiros.

Chá de perpétua (*Alternanthera brasiliana*)
Indicação: resistência a viroses
Ingredientes:
50 gramas de folhas de perpétua
1 litro de água fervente
Preparo e aplicação
Adicionar a água fervente sobre as folhas picadas e abafar. Deixar em infusão até esfriar. Coar, acrescentar 1 litro de água pura e aplicar sobre as mudas das plantas. Repetir a aplicação a cada 7 dias.

nim
Azadirachta indica

cravo-de-defunto
Tagetes erecta

cravinho-de-defunto
Tagetes minuta

Colheita, Secagem Natural e Armazenamento

Considerações

A colheita, secagem e armazenamento adequados conservam as propriedades e possibilitam o uso das plantas medicinais em qualquer época. Alguns cuidados são necessários para evitar a proliferação de fungos e bactérias e a perda ou redução dos princípios ativos decorrentes da ação das enzimas presentes na planta.

Colheita

A colheita deve ser realizada em tempo seco, pela manhã, de plantas sem orvalho e sem lavá-las. Suspender a irrigação 3 dias antes. Cortar os ramos com ferramentas limpas. Não colher plantas com poeira, terra ou doentes. Caso seja necessária a colheita de plantas sujas, selecionar as que tenham poucas sujeiras e que possam ser limpas com um pano limpo ou toalha de papel.

Se os canteiros forem mantidos com boa cobertura do solo, a colheita mais limpa será facilitada, pois a cobertura protege o solo, impedindo que a terra atinja as plantas por irrigação ou chuva.

Transportar em caixas abertas protegidas do sol evitando amontoar ou amassar e secar em seguida à colheita.

Dependendo da parte vegetal que se pretende colher, existe uma época certa para isso. As folhas e caules devem ser colhidas antes do florescimento; flores antes de desabrochar totalmente; planta inteira no início da floração; casca e entrecasca com a planta florida em época de maior umidade; raízes, rizomas e tubérculos colhidos no outono, no início do inverno (açafrão-da-índia e gengibre, após secar a parte aérea); sementes e frutos: quando maduros. Segundo o saber popular, a parte aérea da planta deve ser colhida na lua cheia.

Secagem Natural

Deve ser iniciada imediatamente após a colheita, colocando o material colhido sobre uma superfície limpa e retirando folhas danificadas (se for o caso), insetos e corpos estranhos.

As raízes e rizomas devem ser lavados e escovados em água corrente, podendo utilizar lavadora de alta pressão e expostos ao sol enquanto estiverem úmidos. Em seguida, cortar em fatias finas e secar à sombra. As sementes devem ser colhidas de frutos maduros e sadios, lavadas e secas ao sol.

Caso sejam colhidas plantas inteiras, secar as folhas e as flores separadas das partes mais duras e com maior umidade, juntando-as depois.

As folhas devem ser secas com seus ramos, evitando excesso de manuseio, exceto aquelas cujas folhas caem quando secas, como o manjericão. Folhas grandes devem ser separadas dos caules ("talos"), e as nervuras maiores devem ser retiradas.

O ideal seria secar uma espécie de cada vez, sem que haja misturas na bandeja e no mesmo ambiente. O local da secagem deve ser bem ventilado, limpo e livre de poeiras, umidade, insetos e outros animais.

A validade do produto seco proveniente da secagem caseira é em média de 6 meses para folhas e flores, e de 1 ano para sementes (e frutos), cascas (e caules em geral), raízes e rizomas. Recomenda-se não fazer secagem doméstica de plantas

A secagem natural ocorre no máximo em 10 dias e as folhas devem estar quebradiças. Quanto mais rasurada ou pulverizada (transformada em pó), menor a validade. Recomenda-se armazenar as folhas secas e triturá-las no momento do uso.

A seguir, são apresentados 2 modos naturais de secagem à sombra que devem ser evitados em épocas de muito chuva ou ambiente muito úmido:

Secagem em Bandejas ou Formas

Dispor as folhas, flores, frutos, ramos, rizomas e raízes picadas, em camadas de 2 cm. As bandejas de moldura de metal e fundo em tela podem ser suspensas ou apoiadas tipo gavetas. Evitar revolver as folhas. A secagem pode ser feita sobre mesas ou estrados de madeiras, em superfícies limpas ou protegidas.

Secagem Suspensa

As plantas são suspensas em feixes para secar. Amarrar bem 1 maço com no máximo 3 cm de diâmetro, deixando uma sobra de barbante de 50 cm. Cobrir os feixes na sua base com papel para os proteger da poeira. Pendurar em local bem arejado e limpo e sem sol por 10 dias, ou menos tempo dependendo da planta.

Nestes 2 métodos (bandejas e suspensa) o uso de ventilador comum em baixa rotação agiliza a secagem.

Armazenamento

As folhas, flores, cascas e entrecascas estão secas quando se tornam quebradiças. Rizomas e raízes não podem ter umidade no seu interior. O mesmo vale para os frutos. Embalagens "suadas" indicam secagem insuficiente. Guardar em recipientes de vidro, metal ou cerâmica, com tampas bem ajustadas. Pode-se guardar em sacos de papel e protegidos com sacos plásticos utilizados para acondicionar alimentos. Guardar em locais protegidos da umidade e luz. Recipientes transparentes devem ser cobertos com papel alumínio.

Colocar a etiqueta com o nome da planta, data do armazenamento e anotar validade. Guardar em local protegido da luz e umidade.

aspectos da secagem em bandejas (acima à esquerda e no centro)

aspectos da secagem em bandejas (as três fotos à direita)

Índice por Uso Medicinal

A

abcesso pequeno de pele: babosa, ora-pro-nobis e urotropina.
acidez do estômago: espinheira-santa.
ácido úrico: abacateiro, carqueja, cavalinha, chapéu-de-couro, dente-de-leão, moranguinho, nespereira, quebra-pedra, rosela, rubim, sálvia, sete-sangrias, tanchagem, urucum e zedoária.
acne: babosa e vitex.
adaptógena: fáfia.
afta: abacateiro, folha-da-fortuna, guaçatonga, jambu e rosa-menina.
alcoolismo: jurubeba.
alergia de pele: açafrão-da-índia e mil-folhas.
alergia respiratória: açafrão-da-índia, capim-santo, chambá e sabugueiro.
alopecia: cana-de-macaco.
Alzheimer: açafrão-da-índia, ginkgo e romãzeira.
amarelão: erva-de-santa-maria.
amebíase: erva-de-bicho.
anemia: jambú, mentruz, moringa e ora-pro-nobis.
ânsia de vômito: cidreira-em-rama e gengibre.
ansiedade: camomila, capim-santo, centela-asiática, cidreira-em-rama, erva-cidreira, maracujá-azedo, sálvia e sete-sangrias.
antioxidante: centela-asiática, jambú, pimenta-cumari, pimenta-malagueta e rosela.
antisséptico: alecrim e tomilho.
artrite: açafrão-da-índia, cavalinha, erva-baleeira, guaçatonga, guiné, moranguinho, moringa, pau-d'arco e zedoária.
artrite reumatoide: açafrão-da-índia e chapéu-de-couro.
áscaris: ver lombriga.
asma: chambá, embaúba, guaco, mentruz, moringa, pariparoba, tanchagem, tomilho e unha-de-gato.
assadura: babosa e jarancim.
astenia: alecrim, fáfia e sálvia.
aterosclerose: alho, cana-de-macaco, ginkgo e maracujá-azedo.
azia: bálsamo, boldo-peludo, carqueja, fáfia e funcho.

B

baço: jurubeba e pariparoba.
batida: alecrim, arnica-lanceta, bálsamo, canfrinho, confrei, erva-baleeira, folha-da-fortuna e mentruz.
bicho geográfico: erva-de-santa-maria.
bronquite: alfavaca-cravo, alho, chambá, copaíba, embaúba, funcho, gervão, guaco, mamoeiro, mandacaru, manjericão, mentrasto, mentruz, orégano, pariparoba, pitangueira, rubim, violeta e vique.

C

câncer (prevenção): açafrão-da-índia, alho, moringa, gravioleira, pau-d'arco e

romãzeira.
cansaço: alecrim, fáfia, moringa e sálvia.
cárie (prevenção): estévia.
caspa: alecrim e babosa.
catapora: sabugueiro.
celulite: centela-asiática.
circulação sanguínea ineficaz: alho, centela-asiática, pimenta-cumari e pimenta-malagueta.
cistite: gervão e panaceia.
cisto: violeta.
claudicação intermitente: ginkgo.
coceira: babosa, copaíba, dokudami, hortelã-da-folha-gorda e sabugueiro.
colesterol alto: abacateiro, açafrão-da-índia, alho, chapéu-de-couro, maracujá-azedo, moringa, sálvia, sete-sangrias, tanchagem, urucum e zedoária.
cólica intestinal: açafrão-da-índia, alfavaca-cravo, camomila-alemã, capim-santo, chambá, cidreira-em-rama, erva-cidreira, funcho, gervão, goiabeira, gravioleira, hortelã-crespa, hortelã-pimenta, losna, louro, manjericão, mentrasto, mil-folhas, moringa, orégano, poejo, rosela, rubim, sálvia e tomilho.
cólica renal: cavalinha e quebra-pedra.
cólica menstrual: alfavaca-cravo, capim-santo, erva-cidreira, funcho, losna, mentrasto, mil-folhas, sálvia, tanaceto e vitex.
colite: açafrão-da-índia, dente-de-leão e guaçatonga.
conjuntivite: rosa-menina (e outras rosas-brancas) e violeta.
constipação intestinal: ver intestino preso.
contusões: ver batidas.
convulsão: anil-trepador.
corrimento vaginal: barbatimão.
coqueluche: rubim.
cortes superficiais da pele: alecrim, babosa e sangra-d'água.

D

demência senil: ginkgo.
dependência química: gervão.
depressão leve: alecrim, erva-cidreira, fáfia, gervão e sálvia.
depurativo: caçaú, cana-de-macaco, chapéu-de-couro, dokudami, erva-de-bicho, rubim e sete-sangrias.
derrame cerebral (prevenção): fuki.
dermatite de contato: babosa.
desânimo: alecrim e fáfia.
desnutrição: moringa e ora-pro-nobis.
desintoxicante: ver depurativo.
diabetes tipo 2: açafrão-da-índia, alho, anil-trepador, bardana, cana-de-macaco, embaúba, estévia, fáfia, louro, moringa, pata-de-vaca, sálvia e urucum.
diarreia: alfavaca cravo, amoreira, bardana, boldo-baiano, boldo-peludo, caçaú, camomila-alemã, capim-santo, cebolinha, folha-da-fortuna, funcho, gervão, goiabeira, gravioleira, hortelã-pimenta, losna, mandacaru, moranguinho,

nespereira, orégano, pau-d'arco, pitangueira, poejo, rubim, tanchagem, tomilho e unha-de-gato.
disenteria: alho, copaíba e pau-d'arco.
dispepsia: ver má digestão.
dor ciática: carqueja.
dor de cabeça: alecrim, alfavaca, hortelã-pimenta e manjericão.
dor de dente: jambu.
dor de estômago: bálsamo, boldo-baiano e caçaú.
dor de garganta: gengibre e hortelã-da-folha-gorda,
dor em geral: capim-santo, chambú, guaco, mil-folhas e moringa.
dores musculares e articulares: arnica-lanceta, canfrinho, erva-baleeira, guiné, mentruz e rubim.
dor nas mamas: vitex

E

eczema: babosa, centela-asiática, sabugueiro e sangra-d'água.
elefantíase: jarancim e pata-de-vaca.
endometriose: vitex.
endorfinas: pimenta-cumari e pimenta-malagueta.
enfisema: capuchinha, moringa e tomilho.
enjoo: cidreira-em-rama, gengibre, fuki, hortelã-pimenta, orégano e vique.
entorse: bálsamo e tomilho.
enurese noturna: panaceia.
envelhecimento: centela-asiática, jambu e rosela.
enxaqueca: louro e mil-folhas.
enxaqueca leve: alecrim, cidreira-em-rama e erva-cidreira.
erisipela: erva-de-bicho e sabugueiro.
erupção de dentes em bebês: camomila.
escoriação: arnica, babosa, dokudami e sangra-d´água.
esgotamento físico e mental: alecrim, fáfia e ora-pro-nobis.
espinha: babosa e manjericão.
esteatose: ver gordura no fígado.
estimulante geral: alecrim, fáfia e sálvia.
estomatite: hortelã-da-folha gorda e rosa-menina.
estresse: erva-cidreira e fáfia.

F

falta de apetite: caçaú, dente-de-leão, gengibre e jambú.
falta de atenção: alecrim, fáfia, ginkgo e moringa.
falta de memória: alecrim, centela-asiática, fáfia, ginkgo e moringa.
faringite: romãzeiro.
febre: alfavaca-cravo, amoreira, capim santo, cebolinha, chambá, dokudami, folha-da-fortuna, gengibre, gervão, goiabeira, guaco, hortelã-crespa, hortelã-pimenta, mil-folhas, pariparoba, pau-d´arco, pitangueira, rosela, sabugueiro, sete-sangrias, tomilho, unha-de-gato e violeta.
ferida da pele: alfavaca, alecrim, babosa, barbatimão, cebolinha, confrei, erva--de-bicho, guaçatonga, mandacaru, mil-folhas, panaceia, perpétua,

sabugueiro, sangra-d'água e tomilho.
ferimento superficial sem infecção: erva-baleeira e sangra-d'água.
fibromialgia: chapéu-de-couro, erva-baleeira e ipê-roxo.
fibrose hepática: ginkgo.
fígado (protetor): açafrão-da-índia e sálvia.
fígado (tônico): boldo-peludo, caçaú, carqueja, dente-de-leão, jarancim, louro e pariparoba.
fissura anal: babosa, erva-de-bicho e urotropina.
fístula: babosa.
fratura: cavalinha, erva-de-santa-maria e mentruz.
frieiras: jarancim.
frigidez: tanaceto.
furúnculo: babosa, bálsamo, folha-da-fortuna, manjericão, ora-pro-nobis, urotropina, violeta.

G

gases intestinais: abacateiro, açafrão-da-índia, alecrim, alfavaca, alfavaca-cravo, boldo-baiano, boldo-peludo, caçaú, camomila, cidreira-em-rama, dente-de-leão, erva-de-santa-maria, folha-da-fortuna, funcho, gengibre, hortelã-pimenta, louro, manjericão, mentrasto, mil-folhas, orégano, poejo, rosela, rubim, tomilho e zedoária.
gastrite: açafrão-da-índia, bálsamo, carqueja, copaíba, espinheira-santa, folha-da-fortuna, guaçatonga, manjericão, moringa, rubim, pariparoba, pau-d´arco, tanchagem e zedoária.
gengivite: jambú, romãzeiro e tomilho.
giardíase: alho, erva-de-bicho e goiabeira.
gordura no fígado: chapéu-de-couro e jurubeba.
gota: ver ácido úrico.
gripe: alfavaca-cravo, alho, capim-santo, capuchinha, cebolinha, chambá, erva-cidreira, gengibre, guaco, hortelã-da-folha-gorda, hortelã-pimenta, manjericão, mentrasto, moringa, perpétua, poejo, sabugueiro e vique.

H

halitose: ver mau hálito.
***Helicobacter pylori*:** espinheira-santa e orégano.
hematoma: arnica-lanceta.
hemorragia pequena: mil-folhas.
hematoma: arnica-lanceta.
hemorroida: babosa, erva-de-bicho, mil-folhas e urotropina.
hepatite: gervão, gravioleira, jurubeba, mil-folhas, quebra-pedra e unha-de-gato.
herpes: erva-de-bicho, guaçatonga e sangra-d'água.
herpes genital: romãzeiro.
hipertensão arterial: ver pressão alta.

I

implante dentário: cavalinha.
impotência: fáfia.

imunidade (estimulante): alho, amoreira e fáfia.
imunomodulador: pau-d'arco e jarancim.
incontinência urinária: cavalinha e copaíba.
infertilidade: vitex.
inflamação em geral: copaíba e erva-baleeira.
inflamação muscular, articular e óssea: arnica-lanceta, canfrinho e erva-baleeira.
inflamação da boca e garganta: amoreira, babosa, copaíba, gengibre, goiabeira, hortelã- da-folha-gorda, guiné, moranguinho, nespereira, pau-d'arco, perpétua, romãzeiro e rosa- menina.
inflamação/infecção das vias urinárias e bexiga: abacateiro, cana-de-macaco, capuchinha, cavalinha, chapéu-de-couro, copaíba, dente-de-leão, folha-da-fortuna, gravioleira, mandacaru, mil-folhas, panaceia, pau-d´arco, perpétua, quebra-pedra, rubim, salsa, tanchagem e urotropina.
inseticida: erva-de-santa-maria.
insônia: camomila, capim-cidreira, cidreira-em-rama, erva-cidreira, gervão e maracujá-azedo.
intestino preso: abacateiro, amoreira, bardana, carqueja, dente-de-leão, dokudami, espinheira-santa, gengibre, jambu, mamoeiro, moranguinho, rosela, sálvia, tanchagem e violeta.

L

labirintite: fáfia e ginkgo.
leite materno (aumento): funcho e hortelã- crespa.
lombriga: alho, erva-de-bicho, erva-de-santa-maria e losna.

M

má digestão: açafrão-da-índia, alecrim, alfavaca, bardana, boldo-baiano, boldo-peludo, caçaú, camomila, carqueja, cebolinha, cidreira-em-rama, dente-de-leão, dokudami, erva-cidreira, espinheira-santa, folha-da-fortuna, funcho, gengibre, hortelã-crespa, jambu, jurubeba, losna, louro, mamoeiro, mentrasto, mentruz, mil-folhas, pariparoba, poejo, orégano, rosela, rubim, sálvia, tomilho, urucum e vique.
mancha senil: babosa.
mastalgia: ver dor nas mamas.
mau hálito: alecrim, guaçatonga, hortelã-crespa e zedoária.
melancolia: erva-cidreira.
menopausa: amoreira, fáfia, mentrasto, salsa e vitex.
menstruação irregular: losna, mil-folhas, rubim, e vitex,
metabolismo (tônico): pimenta-cumari e pimenta-malagueta.
micose: caçaú.
modulador hormonal: fáfia.
mucosite: tanchagem.

N

nariz trancado: hortelã-pimenta e vique.
náusea: ver ânsia de vômito.
nefrite: gervão e rubim.

nevralgia dentária e facial: erva-cidreira
nervosismo: cidreira-em-rama, erva-cidreira e maracujá-azedo.

O

obesidade: boldo-peludo, capim-santo, carqueja, centela-asiática, moringa, pimenta-malagueta, rosela, sete-sangrias, tanchagem e urucum.
osteoporose: cavalinha, erva-de-santa-maria, moringa e ora-pro-nobis.
osteoartrose: erva-de-santa maria.
ovário policístico: vitex.

P

palpitação: urucum.
pâncreas (tônico): dente-de-leão, jurubeba, pariparoba e rubim.
parasitose: ver verminose.
pedra nos rins: abacateiro, amoreira, cana-de-macaco, cavalinha, chapéu-de--couro, folha-da-fortuna, mandacaru, moranguinho, nespereira, panaceia, quebra-pedra, rubim, salsa e urotropina.
pedra nos rins (prevenção): gervão.
pedra na vesícula biliar: boldo-baiano, cana-de-macaco, folha-da-fortuna e gervão.
pele seca: babosa.
picada de cobra: (procurar o soro antiofídico) unha-de-gato.
picada de inseto: babosa, cana-de-macaco, canfrinho, copaíba, dokudami, folha--da-fortuna, sálvia e vique.
piolho: arruda, catinga-de-mulata e salsa.
pressão arterial alta: abacateiro, alho, açafrão-da-índia, amoreira, bardana, cana-de-macaco, capim-santo, cavalinha, chapéu-de-couro, cidreira-em--rama, dente-de-leão, embaúba, dokudami, erva-cidreira, estévia, gravioleira, gervão, hortelã-crespa, maracujá-azedo, mil-folhas, moringa, pitangueira, quebra-pedra, rosela, rubim, salsa, sete-sangrias, tanchagem e urucum.
pressão baixa: alecrim.
psoríase: babosa, copaíba, abacateiro e sangra-d'água.
pitiríase versicolor: pimenta-malagueta.

Q

queda de cabelos: alecrim, babosa, cana-de-macaco, canfrinho, capuchinha e tomilho.
queimadura: babosa, folha-da-fortuna, ora-pro-nobis, jarancim e urucum.
queloide: centela-asiática.

R

rachadura de bico de seio: manjericão.
rachadura da pele: babosa, centela-asiática e erva-de-bicho.
radiações: babosa e dokudami.
raquitismo: mentruz.
resfriados: alho, alfavaca, capuchinha, cebolinha, chambá, gengibre, gervão,

guaco, hortelã-pimenta, perpétua, poejo, sabugueiro e vique.
ressaca: alecrim e boldo-baiano.
retinopatia diabética: ginkgo.
retenção de líquido: dente-de-leão.
reumatismo: bardana, caçaú, erva-baleeira, guiné, mandacaru, mentrasto, mentruz, pitangueira, rubim, tomilho, unha-de-gato e zedoária.
rinite: açafrão-da-índia e orégano.
rouquidão: gengibre e hortelã-da-folha-gorda.
rugas: centela-asiática.

S

salivação excessiva: sálvia.
sangramento gengival: cavalinha e mil-folhas.
sangramento nasal: cavalinha.
sarampo: sabugueiro.
sarna: arruda, caçaú e tanaceto.
seborreia: alecrim, babosa e sangra-d'água.
síndrome metabólica: açafrão-da-índia e alecrim.
sinusite: gervão e sabugueiro.
suor excessivo: louro e sálvia.

T

tabagismo: tanchagem.
tônico cardíaco: caçaú, embaúba e urucum.
tônico para os rins: caçaú.
tônico para baço: caçaú.
tônico geral: alecrim, fáfia e moringa.
tontura: ginkgo.
torcicolo: tomilho.
tosse: alho, capuchinha, chambá, copaíba, embaúba, funcho, gengibre, guaco, hortelã-da-folha-gorda, mamoeiro, mandacaru, mentrasto, mentruz, pariparoba, perpétua, poejo, tomilho e violeta.
tosse dos cardíacos: sete-sangrias.
TPM (tensão pré-menstrual): abacateiro, mentrasto e vitex.
traqueíte: orégano.
triglicérides: açafrão-da-índia, maracujá-azedo, moringa, tanchagem e urucum.
trombos (prevenção): alho, gengibre, mil-folhas, pimenta-cumari e pimenta--malagueta.
tuberculose: erva-de-santa-maria.

U

úlcera de pele: babosa, confrei, guaçatonga, perpétua e violeta.
úlcera de estômago e intestino: espinheira-santa, fáfia, folha-da-fortuna, guaçatonga, moringa, pau-d'arco e tanchagem.
úlcera varicosa crônica: centela-asiática e copaíba.
unhas frágeis: cavalinha.
unheiro: babosa.

V

varizes: centela-asiática.

verminose: alho (giárdia e lombriga); erva-de-santa-maria (lombriga, amarelão, ameba, tricocéfalo, oxiúros); erva-de-bicho (lombriga, giárdia, oxiúros); hortelã-pimenta (giárdia e ameba); losna (lombriga e amarelão); gervão (oxiúros e estrongiloides).

vertigem: fáfia e ginkgo.

vesícula biliar preguiçosa: açafrão-da-índia, boldo-baiano, boldo-peludo, carqueja, dente-de-leão, gengibre, jurubeba, pariparoba e zedoária.

vitiligo: cidreira-em-rama e losna.

vômitos: fuki, funcho, gengibre, goiabeira, hortelã-pimenta, sálvia e vique.

Z

zumbido: ginkgo.

Índice de Nomes Populares

A

B

C

D

E

F

G

H

I

J

K

L

N

O

P

Q

R

S

T

U

V

Y

Z

Índice de Nomes Científicos

A

B

C

D

E

F

G

H

N

O

P

R

S

Glossário Médico-Farmacológico

A

Abcesso: tumor com pus devido à infecção.

Ácido ascórbico (vitamina C): atua na defesa contra infecções, formação de ossos, dentes, gengivas e vasos sanguíneos.

Ácido fólico (vitamina B9): uso na gravidez previne má formação na coluna, sistema urinário e cardiovascular do feto, e reduz náuseas e vômitos.

Acne: acúmulo de secreção causado por bactérias em glândulas da pele.

Adaptógena: substância que melhora a resposta mental e física em situação de estresse.

Adstringente: que contrai os tecidos, fecha os poros e reduz as secreções.

Aftas: feridas esbranquiçadas na boca, sensíveis a ácidos.

AIDS (Síndrome da Imunodeficiência Adquirida): doença viral que afeta a imunidade.

Álcool de cereais: álcool extraído de milho ou arroz para preparar tintura ou alcoolatura de plantas medicinais.

Alcoolatura: extração de princípios ativos da planta fresca com álcool de cereais.

Alopecia: queda parcial ou total de cabelos ou pelos.

Alzheimer, Mal de: doença degenerativa do cérebro que afeta a memória, orientação, atenção e linguagem.

Amarelão: verminose originada por *Ancylostoma duodenale* que provoca dores abdominais, diarreia, tosse e anemia.

Amebíase: infecção por *Entamoeba hystolitica*, com diarreia com muco e às vezes com sangue.

Ameixa umeboshi: fruto rico em ácido cítrico, consumido em conserva pelos orientais.

Anemia: queda de glóbulos vermelhos ou redução da hemoglobina no sangue.

Anfoterecina B: medicamento usado em infecções por fungos como a blastomicose e criptococose.

Anticancerígena: que inibe o desenvolvimento do câncer.

Anticoagulante: que previne coágulos no sangue.

Anticonvulsivante: que impede a convulsão.

Antiofídico: atua contra o veneno da cobra.

Antioxidante: impede a oxidação das células, reduzindo os radicais livres.

Antocianidinas: pigmentos antioxidantes encontrados em flores, frutos e folhas, de cor variável, que previnem o câncer, doenças cardiovasculares e neurodegenerativas.

Arilo: massa que envolve as sementes, geralmente coloridas para atrair pássaros.

Aromática: que exala cheiro agradável utilizada na culinária e fitoterapia.

Arritmia funcional: alteração fisiológica da frequência e ritmo do batimento cardíaco.

Arteriosclerose: deposito de gordura nas paredes dos vasos, diminuindo o calibre e elasticidade.

Artrite: inflamação de 1 ou mais juntas (articulações) com dor, inchaço e rigidez.

Artrite reumatoide: doença autoimune com inflamação e destruição das juntas (articulações) em geral das mãos, punhos, cotovelos, ombros, joelhos e pés.

Artrose: degeneração da cartilagem das juntas (articulações) com dor e inflamação.

Ascaridíase: verminose causada por *Ascaris lumbricoides*, verme roliço, que pode embolar e obstruir o intestino.
Asma: estreitamento dos canais do pulmão, devido a inflamação, levando a chiados no peito e falta de ar, em geral de natureza alérgica.
Astenia: fraqueza com perda de disposição e força.

B

Bactericida: que elimina bactéria.
Barbitúricos: substâncias que deprimem o sistema nervoso central.
Bicho geográfico: doença provocada por *Larva migrans* que causa coceira e inflamação da pele.
Bifidobactérias: são bactérias benéficas da flora intestinal.
Bochecho: ato de agitar o líquido, movimentando as bochechas.
Broncodilatador: aquele que dilata os brônquios.
Bronquite: inflamação dos brônquios com secreção.

C

Cálculo renal: pedra nos rins ou bexiga.
Calêndula: planta medicinal para tratamento de feridas, eczemas e males do fígado.
Capsaicina: responsável pela ardência da pimenta atua como anti-inflamatório, analgésico e estimulante do metabolismo.
Carbapamazepina: medicamento usado para convulsão e dor neuropática.
Cardiodepressores: reduzem a excitabilidade em casos de alterações do ritmo do coração.
Cardiotônico: que fortalece o coração.
Carotenoides: pigmentos antioxidantes de cor variada (amarelo, laranja e vermelho).
Catapora: doença viral em geral infantil, com bolhas na pele.
Celulite: depósito de gordura sob a pele; tem aspecto de casca de laranja em algumas áreas.
Ciclosporina: medicamento para transplantados e portadores de artrite reumatoide, psoríase grave e dermatite atópica grave.
Ciprofloxacino: antibiótico para tratamento de infecções.
Cistite: inflamação da bexiga, que causa ardor e micção em pequenos volumes.
Cisto de pele: nódulo benigno, devido a alteração folicular.
Claudicação intermitente: dor nas pernas ao caminhar por má circulação de sangue.
Climatério: fase da mulher com ondas de calor, sudorese, insônia e secura nas mucosas genitais.
Clorpropamida: medicamento que abaixa o açúcar do sangue.
Colágeno: proteína que dá firmeza à pele e demais tecidos.
Colesterol: gordura produzida pelo fígado (70%), sendo que 30% vem da dieta, que se une à proteína para circular pelo sangue.
Cólica renal: contrações dolorosas das vias urinárias devido a movimentação de 1 pedra.
Congestão nasal: entupimento do nariz na rinite alérgica, asma, bronquite, gripes e resfriados.

Contusão: lesão provocada por forte pancada ou trauma.
Coqueluche: doença infecciosa grave, muito transmissível, com tosse ruidosa.

D

Dengue: doença viral com febre, dores no corpo e hemorragias (caso de infecções sucessivas).
Dependência química: necessidade psicológica e biológica por 1 determinada substância.
Depressão: doença caracterizada por tristeza, baixa auto-estima, extrema apatia, transtorno do sono, comprometimento da atenção e concentração.
Depurativo: limpa e purifica o sangue e os líquidos do corpo.
Dermatite: inflamação da pele causada por diversos agentes.
Desintoxicante: aquele que retira as toxinas do organismo.
Desnutrição: doença por carência da ingestão ou falta de absorção de alimentos.
Diabetes melito tipo 2: doença com excesso de açúcar no sangue em pessoas acima de 40 anos.
Diaforética: que faz suar bastante.
Diazepínico: medicamento indicado para induzir sono e sedação.
Digitálicos: são cardiotônicos em portadores de insuficiência cardíaca.
Disenteria: diarreia infecciosa com perda de sangue e muco nas fezes acompanhados de cólicas, dor e às vezes com febre.
Disfunção erétil: incapacidade de iniciar ou manter a ereção o tempo suficiente para completar o contato íntimo.
Dispepsia: desconforto estomacal, empachamento e queimação por excesso ou intolerância a alimentos, bebida e medicamentos.
Dissulfiran: medicamento para tratamento de alcoolismo.
Diurético: que aumenta a produção e eliminação da urina.
Doença renal crônica: perda da função dos rins em remover os resíduos e água causada em geral por glomerulonefrite, diabetes e pressão alta.
Doenças cardiovasculares: afetam o coração e a circulação do sangue; as mais frequentes são o infarto e derrame cerebral.
Doenças hepáticas crônicas: comprometem o fígado e causadas por cirrose alcoólica, hepatites B e C e obstrução biliar.
Dores ciáticas: dores por compressão ou inflamação do nervo ciático; sai de trás da coxa, passa pelo joelho e vai até o dedão.

E

Eczemas: inflamação da pele com vermelhidão, coceira, às vezes com descamação.
Elefantíase: inchaço duro da pele, causado pela obstrução de vias linfáticas.
Emoliente: que hidrata, amacia e flexibiliza a pele.
Empachamento (estômago): sensação de estômago inchado.
Endometriose: doença causada pelo crescimento de células do endométrio fora do útero.
Endorfinas: hormônio responsável pelo bem-estar, bom humor e com efeito analgésico.
Enfisema: inflamação crônica do pulmão, com falta de ar.
Entrecasca: parte mais interna da casca da árvore, onde é conduzida a seiva elaborada.

Entorse: torção da junta com lesão ou não dos ligamentos.

Enxaqueca: dor de cabeça latejante e pulsátil em geral pegando metade da face e desencadeada por estresse, insônia, álcool, chocolate e queijos.

Erisipela: infecção da pele por bactéria com calor, dor e vermelhidão.

Escaras: feridas na pele em áreas de compressão em pessoas acamadas por tempo prolongado.

Escoriações: ferimentos superficiais causados por raspões e traumas leves.

Espermatozoide: célula da reprodução masculina.

Esteatose: substituição das células do fígado por gordura. Causas: alcoolismo, hepatites, excesso de peso, diabetes, colesterol alto e uso de alguns medicamentos.

Estomatite: inflamação da mucosa da boca e garganta.

Estrogênio: hormônio feminino produzido pelo ovário.

Estrongiloidíase: verminose causada por *Strongyloides stercoralis,* com dores abdominais, desnutrição e tosse. A larva penetra pela pele ou por auto infestação.

F

Fenilbutazona: anti-inflamatório indicado para dores intensas.

Fenobarbital: medicamento indicado para convulsão.

Ferro: mineral essencial no transporte de oxigênio, síntese de DNA e metabolismo energético.

Fibromialgia: doença com dores musculares e articulares. Pode estar relacionado com estresse e desequilíbrio hormonal.

Fibrose hepática: cicatrização do fígado em resposta às agressões por álcool, parasitos e vírus.

Fissura anal: rasgo ou fendas na pele ao redor do ânus.

Flora intestinal: conjunto de espécies de microrganismos, benéficas em sua maioria, que habitam o trato digestivo, conhecido também como microbiota intestinal.

Fósforo: mineral presente nas células e na formação de ossos e dentes; atua no funcionamento da musculatura e do sistema nervoso e otimiza a liberação da energia.

Fotossensibilização: reação da pele em contato com 1 substância quando é exposto ao sol.

Frieira: micose nos pés causada por fungos.

Frigidez: incapacidade da mulher de ter excitabilidade sexual.

Furúnculo: nódulo doloroso da pele causado por infecção do folículo piloso ou glândula sebácea.

G

Gargarejo: ato de agitar o líquido na garganta.

Garrafada: Preparação popular, com maceração da planta na cachaça ou vinho.

Gastrite: inflamação da mucosa do estômago com sintomas de dor, azia e queimação.

Gengivite: inflamação das gengivas.

Giardíase: infecção causada por um protozoário (*Giardia lamblia*) que infesta o intestino e causa diarreia, cólicas e dores leves, principalmente em crianças.

Glicemia: é a medida da concentração do açúcar no sangue.

Gonorreia: infecção causada por bactéria (*Neisseria gonorrhoeae*), transmitida sexualmente e apresenta ardor ao urinar, corrimento pela uretra, sendo, às vezes, assintomática.

Gota: inflamação em juntas (articulações) e órgãos por deposito de cristais de ácido úrico.

H

Halitose: mau hálito por inflamação ou infecção da boca e garganta; sinusite, diabete descontrolada, doenças digestiva e respiratória.

HDL colesterol: é uma lipoproteína que recolhe o colesterol dos vasos e leva para o fígado para ser eliminado, evitando a aterosclerose.

***Helicobacter pylori*:** bactéria presente no estômago que pode ocasionar a gastrite e a úlcera.

Hematoma: acúmulo de sangue na pele ou tecidos após trauma ou alteração da coagulação.

Hemorroidas: varizes localizadas no ânus e no reto.

Hepatite: doença do fígado causado por vírus e outros agentes.

Herpes da pele: doença com pequenas bolhas com dor no trajeto do nervo próximo.

Herpes genital: causada pelo vírus tipo 2, forma pequenas bolhas em distribuição floral na mucosa ou pele, causando ardor e coceira.

Hipertensos: portadores de pressão arterial acima de 12/8.

Hipoglicemiante: aquele que reduz o açúcar no sangue.

Hipotensor: aquele que abaixa a pressão arterial.

Hipotireoidismo: mau funcionamento da tireoide mais frequente em mulheres.

***Hymenolepis nana*:** é um verme adquirido por ingestão alimentos, insetos, ou mãos com ovos ou auto infestação interna em geral assintomática em pessoas sadias.

I

Imunidade: serie de mecanismos responsáveis pela defesa do corpo contra doenças causadas por microrganismos e outros agentes.

Imunomoduladora: que modula as reações de defesa do corpo e evita o ataque contra as próprias células do corpo.

Incontinência urinaria: dificuldade de conter a urina.

Infertilidade: alteração do sistema reprodutor masculino ou feminino que impede de ter filhos.

Insônia paradoxal: trata se de má percepção do sono, quando há queixa de dormir pouco embora o sono seja normal.

Insulina: hormônio produzido pelo pâncreas que permite a entrada do açúcar nas células.

Intoxicação cianídrica: ingestão de ácido tóxico presente nas folhas de algumas plantas neutralizável pelo calor ou secagem adequada.

L

Labirintite: inflamação do labirinto que causa tontura, vertigens e zumbidos.

Lactação: produção e excreção de leite materno.

LDL colesterol: é uma lipoproteína que transporta o colesterol do fígado para as paredes das artérias contribuindo para o seu entupimento.

Lambedor: termo popular para xarope.

Licopeno: carotenoide antioxidante, redutor de radicais livres; previne câncer de próstata.

Linfedema: inchaço duro da pele consequente à obstrução parcial dos vasos linfáticos.

Lúpus: doença autoimune que compromete rins, pele e articulações.

M

Magnésio: auxilia no funcionamento de enzimas, contração e relaxamento muscular, produção de proteínas e energia.

Mancha senil: mancha escura na pele devido à degeneração da pele causada pelo sol, em geral no dorso das mãos e faces.

Melancolia: tristeza duradoura sem razão aparente.

Menopausa: parada das menstruações em torno de 50 anos.

Metronidazol: antibiótico para tratar infecções vaginais e por bactérias anaeróbicas.

Micoses: infestação por fungos na pele, couro cabeludo e unhas.

Morfina: é um opioide com alto poder analgésico.

Mucilagem: parte viscosa da planta que amolece, hidrata e protege os tecidos.

Mucosite: inflamação da boca e garganta, com feridas e úlceras dolorosas, comum em pacientes em quimioterapia.

N

Náuseas: sensação de enjoo e mal-estar.

Nefrite: inflamação dos rins, com retenção da urina e dificuldade de eliminar as toxinas.

Nicotina: alcaloide das folhas do tabaco, presente na composição dos cigarros.

Nifedipina: medicamento vasodilatador usado para tratar pressão alta.

Nistatina: indicado para tratar fungos, como a candidíase.

O

Obesidade: acúmulo de gordura no corpo e IMC (Índice de Massa Corporal) acima de 30.

Óleo medicinal: produto obtido por maceração da planta em óleo aquecido ou não.

Óleos essenciais: são compostos aromáticos voláteis extraídos da planta utilizados como medicinais e entram na composição de cosméticos.

Óleo resinoso: produto de excreção, desintoxicação e defesa da planta, contra fungos, bactérias e pode ser medicinal.

Osteoporose: redução do tecido ósseo, com ossos porosos, frágeis e sujeitos à fratura.

Osteoartrose: desgaste da cartilagem que protege as extremidades dos ossos.

Ovário policístico: distúrbio endócrino, com formação de cistos no ovário.

Oxiurose: verminose causada por oxiúros (*Enterobius vermicularis*), com coceira no ânus, comum em crianças.

P

Palpitação cardíaca: sensação de coração acelerado ou com batimento irregular.

Pâncreas: glândula que produz a insulina e as enzimas para digerir e absorver alimentos.

Paracetamol: medicamento analgésico e antitérmico.

Pectinas: principal componente da parede celular das plantas.

Pentobarbital: barbitúrico usado em anestesia e convulsão.

Pitiríase versicolor: micose da pele e cabelos com manchas de cor marrom ou claras, levemente descamativas no tronco.

Policitemia: caracteriza se pelo aumento da produção principalmente de glóbulos vermelhos pela medula óssea causando cansaço, tontura, falta de ar e coceiras.

Potássio: regula o pH do corpo, auxilia na secreção da insulina, no relaxamento muscular e no equilíbrio da pressão arterial.

Pruriginosas: que causam coceiras.

Psicotrópicos: substâncias que alteram o humor e o comportamento.

Psoríase: doença da pele descamativa, com placas finas em fundo avermelhado em joelhos, cotovelos e couro cabeludo.

Q

Queloide: cordão endurecido formado por tecido conjuntivo após a cicatrização da pele.

R

Radicais livres: são moléculas que envelhecem as células.

Raquitismo: doença infantil, com má formação e deformidades dos ossos e dentes causados por falta de vitamina D e cálcio.

Refluxo gastroesofágico: retorno do ácido estomacal ou bile para o esôfago, causando azia, dores e salivação.

Remineralizante: propriedade de reconstituir os minerais perdidos pelos ossos e dentes.

Reposição hormonal: tratamento do climatério com hormônios ou fito-estrogênios.

Resina: material sólido ou semissólido obtido por talhos na casca da planta.

Retenção de liquido: inchaço do corpo com a saída do líquido dos vasos sanguíneos para o tecido sob a pele.

Retinopatia diabética: comprometimento dos vasos da retina que ficam danificados, com hemorragia e afeta a visão.

Retocolite ulcerativa: inflamação dos intestinos com cólicas, diarreia, muco e sangue nas fezes.

Rinite: inflamação, irritação e coceira da mucosa nasal.

Rotavírus: vírus que provoca diarreia, febre, vômitos, tosse e coriza.

S

Saquinavir: antirretroviral indicado para os portadores de HIV.
Sarampo: doença viral infantil, com manchas avermelhadas na pele.
Sarna: infestação contagiosa da pele por ácaro (*Sarcoptes scabiei)*, com coceira mais à noite.
Seborreia: secreção excessiva de gorduras de glândulas do coro cabeludo.
Sedativo: que acalma.
Síndrome metabólica: trata se de 1 conjunto de fatores de risco que favorecem as doenças cardíacas, derrames, pressão alta e diabetes.
Sinusite: inflamação ou infecção dos seios (ossos) da face.
Solitária: verme achatado (*Taenia saginata ou Taenia solium*) transmitido por carne mal cozida.
Sudorese: é a transpiração que regula a temperatura do corpo.
Sulfaguanidina: medicamento indicado para tratamento de infecções por gonococos, estafilococos e meningococos.
Supositórios: são preparados para inserir em orifícios corporais.

T

Tanino: substancia que amarra; é cicatrizante em uso externo.
TPM: variação dos hormônios femininos, acompanhado de irritabilidade, dor nas mamas e alteração do humor (Tensão Pré-menstrual).
Tônico: que dá energia.
Torcicolo: contração dos músculos ao redor do pescoço.
Traqueite: inflamação da traqueia.
Tricocefalíase: verminose causada por *Trichuris trichiura,* causa diarreia crônica, cólicas intestinais, anemia e perda de peso. Em nutridos, pode ser assintomático.
Triglicérides: é 1 tipo de gordura que funciona como estoque de energia. Acima de 200 mg, aumenta o risco de infarto e aterosclerose.
Triptofano: é um aminoácido que o corpo transforma em serotonina, um neurotransmissor importante na regulação do humor e do sono.
Trombos: coágulos formados dentro de vasos sanguíneos.
Trombose: formação de coágulos de sangue nos vasos sanguíneos; a venosa profunda das pernas é a mais comum, com inchaço e dor.
Tuberculose: doença contagiosa causada por (*Mycobacterium tuberculosis*), com tosse prolongada que compromete os pulmões e mais raro, ossos e intestinos.

U

Úlcera crônica da pele: ferida na pele que demora em cicatrizar.
Úlcera do estômago ou gástrica: ferida na parede do estômago.
Úlcera gastroduodenal: ferida na mucosa do intestino delgado e o estômago.
Úlcera varicosa: ferida formada em pés e tornozelos devido as varizes.
Unheiro: infecção da pele ao redor da unha causada por bactéria, fungos ou vírus.

V

Varfarina: medicamento para prevenção e tratamento de coágulos.

Verminose: infestação por vermes parasitas em geral nos intestinos.

Vertigem: sensação que a pessoa ou objeto está rodando associado ou não à náusea.

Vesícula preguiçosa: quando há intolerância aos alimentos gordurosos que se manifesta com empachamento e enjoos.

Vitamina A: encontrada em frutos e vegetais é importante para uma boa visão, pele e mucosas e metabolismo das células.

Vitamina B1 (tiamina): presente em cereais integrais e carnes, atua no desempenho do sistema nervoso, coração e músculos.

Vitamina B6 (piridoxina): encontrada na aveia, cereais, carnes, banana e alho; sua falta causa dermatite, inflamação na boca e náusea.

Vitamina B2 (riboflavina): presente em brócolis, couve, ovo e carnes; beneficia os olhos, pele atua no metabolismo de gorduras, açúcar e proteínas.

Vitiligo: manchas brancas na pele da face, mãos, pés, genitais e joelhos devido a destruição da célula produtora da melanina.

Bibliografia Consultada

ABOUTABL, E.A.; HASHEM, F.A.; SLEEM, A.A.; MAAMOON, A.A. Flavonoids, anti-inflammatory activity and cytotoxicity of *Macfadyena unguis-cati* L. African Journal Traditional Complementary and Alternative Medicines, Cairo, v. 5, n. 1, p. 18-26, 2008.

ABREU Jr., H. (coord.) Práticas de controle de pragas e doenças na agricultura: coletânea de receitas. Campinas, SP: EMOPI, 1998.

ALBURQUERQUE, U.P. **Introdução à etnobotânica**. 2ª ed. Rio de Janeiro: Editora Interciência, 2005. 80 p.

ALMEIDA, M.E.F. de; CORRÊA, A.D. Utilização de cactáceas do gênero *Pereskia* na alimentação humana em um município de Minas Gerais. Ciência Rural, Santa Maria, v. 42, n. 4, p. 751-765, abr. 2012.

ALONSO, J.R. **Fitomedicina**: curso para profissionais da saúde. 1ª ed. Buenos Aires: Editora Pharmabook, 2008. 195 p.

ALONSO, J.R. **Tratado de fitofármacos e nutracéuticos**. 1ª ed. São Paulo: AC Farmaceutica, 2016. 1124 p.

ALONSO, J.R. **Tratado de fitofármacos y nutracéuticos**. 1ª ed. Buenos Aires: Editora Corpus Libros, 2004.1350 p.

ANDRADE, C.T.S.; MARQUES, J.G.W; ZAPPI, D.C. Utilização medicinal de cactáceas por sertanejos baianos. Revista Brasileira de Plantas Medicinais, Botucatu, v. 8, n. 3, p. 36-42, 2006.

ARAÚJO, M. **Das ervas medicinais à fitoterapia**. Cotia: Ateliê Editorial. 2002. 149 p.

ARAÚJO, R. (Coord.). **O segredo das ervas**. São Paulo: Editora Europa, 2008. 128 p.

AURICCHIO, M.T.; BACCHI, E.M. Folhas de *Eugenia uniflora* L. (pitanga): propriedades farmacobotânicas, químicas e farmacológicas. Revisão. Revista Instituto Adolfo Lutz, São Paulo, v. 62, n. 1, p. 55-61,2003.

BALBACH, A. **A flora nacional na medicina doméstica**. v. II. 23ª ed. São Paulo: Editora Edel. s/d, 928 p.

BALBACH, A. As plantas que curam. 2ª ed. São Paulo: Editora Missionária. 1992. 316 p.

BALMÉ, F. Plantas medicinais. Curitiba: Hemus. 2000. 399 p.

BARATA, L.E.S.; ALENCAR, A.A.J.; TASCONE, M.; TAMASHIRO, J. Plantas Medicinais Brasileiras. IV. *Annona muricata* L. (Graviola). Revista Fitos, [S.l.], v. 4, n. 1, p. 132-138, 2013.

BIAZZI, E. **O maravilhoso poder das plantas**. 18ª ed. Tatuí: Casa Publicadora Brasileira, 2004. 126 p.

BLANCO, M.C.S.G. et. al. Cultivo de plantas aromáticas e medicinais. Campinas, CATI, 2007. (Boletim técnico247).

BLANCO, M.C.S.G.; SOUZA, M.M.S.S.; BOVI, O.; MAIA, N.B. Cultivo de plantas medicinais. Coordenadoria de Assistência Técnica Integral (CATI). jun. 2018. (Boletim técnico, 247).

BOHNE, B.; DIETZE, P. Taschenatlas heilpflanzen. Stuttgart: Verlag Eugen Ulmer KG, 2005. 191 p.

BONCOMPAGNI, E. Guida bibliografica aí più noti fitoterapici. Editora Aboca, Sansepolcro 2010 v. 1, 272 p., v. 2, 223 p.

BOORHEM, R.L. Segredos e virtudes das plantas medicinais: um guia com centenas de plantas nativas e exóticas e seus poderes curativos. 1ª ed. São Paulo: Editora Reader's Digest. 1999. 303p.

BORNHAUSEN, R.L. **As ervas do sítio**. 12ª ed. São Paulo: Prol Editora. 2009, 175 p.

BRAGA, T.V. Avaliação da atividade farmacológica de *Cissus verticillata* Nicolson & C. E. Jarvis subsp. *verticillata* como antioxidante, antifúngico, hipoglicemiante e cicatrizante. 2008. 202 p. Dissertação (Mestrado em Ciências Farmacêuticas). Universidade Federal de Ouro Preto, Ouro Preto, 2008.

BRANDÃO, I.R. (2010). Na trilha do município saudável. In A.M.G. Sperandio, D.G. Machín & M.A.B. Fortunato (Orgs.), Políticas Integradas em Rede e Construção de Espaços Saudáveis: Boas Práticas para a Iniciativa dos Rostos, Vozes e Lugares (1ª ed., pp. 31-57). Brasília, DF, Brasil: Organização Pan-Americana da Saúde.

BRANDÃO, M.G.L. Plantas úteis de Minas Gerais na obra dos naturalistas. Belo Horizonte: Código Comunicação. 2010. 120 p.

BRANDÃO, M.G.L.; PIGNAL, M. Auguste de Saint-Hilaire: plantas usuais dos brasileiros. Belo Horizonte: Código Comunicação. 2009. 392 p.

BRANDÃO, M.G.L.; ZANETTI, N.N.S. Plantas medicinais da estrada real. Belo Horizonte: Ed. O Lutador. 2008. 56 p.

BRASIL. Ministério de Saúde e Anvisa. Monografia da espécie *Curcuma longa* L. (CURCUMA). Brasília, 2015. 158 p.

BRASIL. Ministério do Meio Ambiente. **Farmacopeia popular do cerrado**. 1. ed. Goiás. GO. 2009. Disponível em: <https://www.mma.gov.br/estruturas/sbf_agrobio/_publicacao/89_publicacao01082011054912.pdf>. Acesso em: 10 out. 2019.

BRASIL. Práticas integrativas e complementares: plantas medicinais e fitoterapia na Atenção Básica. Cad. At. Básica, n.31, p.27-84, 2012. (Série A, Normas e Manuais Técnicos).

BREMNESS, L. Plantas aromáticas – guia prático. Minho: Companhia Editora do Minho S.A. 1993. 240 p.

BREMNESS, L. Plantes aromatiques et médicinales. Singapura: Kyodo Printing Co. 2001. 304 p.

BRIGO, B. Salute e benessere con le piante nelle 7 età dell'uomo. Milano: Edizioni Gribaudo, 2009. 255 p.

CAPELLARI, L.; Nascimento, C.R.; **Guia de plantas medicinais**. Aromáticas e condimentares. 1ª ed. Piracicaba: Editora Facile, 2011. 167 p.

CARNEIRO, D.M.; COSTA, K.S.; SILVA, J.A. **Essência da saúde**, 1. ed., Goiânia: Editora e Livraria Ciência da Saúde Ltda, 2014. 485 p.

CARRASCO, V. Eficácia do extrato da folha do bálsamo *Sedum dendroideum* na prevenção e no tratamento da úlcera gástrica induzida em animais. 2014. 81 p. Dissertação (Mestrado em Ciências da Saúde) – Faculdade de Ciências da Saúde, Universidade Federal da Grande Dourados. Dourados, 2014.

CARVALHO, P.E.R. Espécies arbóreas brasileiras. Brasília: Editora da EMBRAPA. v. 1. 2003. 1039 p.

CARVALHO, P.E.R. Espécies arbóreas brasileiras. Brasília: Editora da EMBRAPA. v. 2. 2006. 627 p.

CARVALHO, P.E.R. Espécies arbóreas brasileiras. Brasília: Editora da EMBRAPA. v. 3. 2008. 593 p.

CARVALHO, P.E.R. Espécies arbóreas brasileiras. Brasília: Editora da EMBRAPA. v. 4. 2010. 644 p.
CECILIO FILHO, A.B.; SOUZA, R.J.; BRAZ, L.T.; TAVARES, M. Cúrcuma: planta medicinal, condimentar e de outros usos potenciais. Ciência Rural, Santa Maria, v. 30, n. 1, p. 171-175, 2000.
CHEVALLIER, A. Guide pratiche: piante medicinali. Milano: Mondadori Electa Sp.A. 2011. 287 p.
CIRILO, I. **Plantas medicinais**, 63ª ed. Franscisco Beltrão: Grafit, Gráfica e Editora Ltda., 2007. 233 p.
CLEVELY, A.; RICHMOND, K. **Manual completo de plantas e ervas medicinais**. 2ª ed. Lisboa: Editorial Estampa, 2006. 30 p.
COLLETTO, L.M.M.; PEREIRA, B.M.R.; CARDOZO JUNIOR, E.L; ZARDINELLO, A.; SOUZA, H.A.S. de; LAWICH, M.C. **Plantas medicinais nativas dos remanescentes florestais do Oeste de Paraná**. 1ª ed. v. 1, Curitiba: Comunicação Social de Itaipu Binacional 2010. 2010, 107 p.
CORRÊA, J.R.C.; MING, L.C.; SCHEFFER, M.C. Cultivo de plantas medicinais, condimentares e aromáticas. 2ª ed. Jaboticabal: FUNEP. 1994. 151 p.
COSTA, E.A. **Nutrição e fitoterapia**. 1. ed. Petrópolis: Editora Vozes, 2011. 264 p.
COSTA, J.C.F. da; HOSCHEID, J. Perfil fitoquímico e avaliação da atividade antimicrobiana de extratos aquoso e etanólico de folhas de *Cecropia pachystachya*. Revista Fitos, Rio de Janeiro, v. 12, n. 2, p. 175-185, 2018.
COSTA, V.P.; MAYWORM, M.A.S. Plantas medicinais utilizadas pela comunidade do bairro dos Tenentes - município de Extrema, MG, Brasil. Revista Brasileira de Plantas Medicinais, Botucatu, v.13, n.3, p. 282-292, 2011.
CRONQUIST, A. An integrated system of classification of flowering plants. New York: Columbia University Press. 1981. 1262 p.
CRONQUIST, A. The evolution and classification of flowering plants. New York: The New York Botanical Garden, 1988. 555 p.
CURTIS, S.; GREEN, L.; ODY, P.; VILIMAC, D. **O livro de receitas de ervas medicinais**. São Paulo: Publifolha, 2011. 352 p.
DE LEEUW, E. (2017a). Cities and Health from the Neolithic to the Anthropocene. In De Leeuw, E., & Simos, J. (Eds.). Healthy cities: the theory, policy, and practice of value-based urban planning (pp 3-30). Springer. New York, NY. United States of America.
DEBUIGNE, G.; COUPLAN, F. **Petit larousse des plantes medicinales**. Espanha: Gráficas Estella, 2009. 383 p.
DEBUIGNE, G.; COUPLAN, F. Petit Larousse des plantes médicinales. Paris: Larousse Éditeur de Qualité Depuis, 2009. 384 p.
DEBUIGNE, G.; COUPLAN, F. Petit Larousse des plantes qui guérissent. 1ª ed. Paris: Larousse, 2006. 895 p.
DIAS, J.E.; LAUREANO, L.C. Farmacopeia popular do cerrado. Goiás: Articulação Pacari. 2009. 352 p.
DURIGAN, G.; BAITELLO, J.B.; FRANCO, G.A.D.C.; SIQUEIRA, M.F. Plantas do cerrado paulista: imagens de uma paisagem ameaçada. São Paulo: Editora Páginas e Letras. 2004. 475 p.
ECHAVARRÍA, A.; D´ARMAS, H.; LISBETH, N.; MATUTE-L.; JARAMILLO, C.; ROJAS-DE-ASTUDILLO, L.; BENÍTEZ, R. Evaluación de la capacidad antioxidante y metabolitos secundarios de extractos de dieciséis plantas medicinales. Revista

Ciencia UNEMI, Milagro, v. 9, n. 20, p. 29-35, Sep. 2016.

FAKIM, A.G. **Toutes les plantes qui soignent**. 2ª ed. Neully-sur-Seine: Editions Michel Lafon, 2014. 735 p.

FERNANDES, L.; CASAL. S.; PEREIRA, J.A.; SARAIVA, J.A.; RAMALHOSA, E. Uma perspectiva nutricional sobre flores comestíveis. Acta Portuguesa de Nutrição. 2016. Disponível em: <http://dx.doi.org/10.21011/apn.2016.06>. Acesso em: 10 out. 2019.

FERRO, D. **Fitoterapia, conceitos clínicos**. 1ª ed. São Paulo: Editora Atheneu, 2008. 502 p.

FINTELMANN, R.; WEISS, F. **Manual de fitoterapia**. 11ª ed. Rio de Janeiro, Editora Guanabara Koogan S.A, 2010. 526 p.

Flora do Brasil 2020 em construção. Jardim Botânico do Rio de Janeiro. Disponível em: < http://floradobrasil.jbrj.gov.br/ >. Acesso em: 29 jul. 2019.

FONSECA, D. da F. **Farmácia Verde**. 1ª ed. Salvador: Empresa Baiana de Desenvolvimento Agrícola S.A., 2000. 36 p.

FRANCIS, J.K. *Macfadyena unguis-cati* (L.) A.H. Gentry. 1996. Disponível em: https://core.ac.uk/download/pdf/21724115.pdf. Acesso em: 03 jan. 2019.

FREITAS, V.S.; RODRIGUES, R.A.F.; GASPI, F.O.G. Propriedades farmacológicas da Aloe vera (L.) Burm. f. Revista Brasileira de Plantas Medicinais, Campinas, v. 16, n. 2, p. 299-307, 2014.

GASTALDI, B.; CATALÁN, C.A.; SILVA-SOFRÁS, F.M.; GONZÁLEZ, S.B. *Solidago chilensis* Meyen (Asteraceae), a medicinal plant from South America. A comprehensive review: ethnomedicinal uses, phytochemistry and bioactivity. Boletín Latinoamericano y del Caribe de Plantas Medicinales y Aromáticas. Santiago, v. 17, n. 1, p. 17-29, 2018.

GELMINI, G.A. Receituário caseiro para controle de pragas. Campinas: CATI, 1998, 29 p. (impresso especial).

GIRÃO, L.V.C.; SILVA FILHO, J.C. da; PINTO, J.E.B.P.; BERTOLUCC, S.K.V. Avaliação da composição bromatológica de Ora-Pro-Nóbis. Disponível em: <http://www.abhorticultura.com.br/biblioteca/arquivos/Download/Biblioteca/pmfi5000c.pdf>. Acesso em: 10 out. 2019.

GOHIL, K.J.; PATEL, J.A.; GAJJAR, A.K. Revisão Farmacológica da *Centella asiatica*: uma cura potencial para todas as ervas. Indian Journal of Pharmaceutical Sciences, Índia, v. 72, n. 5, p. 546-556, set-out. 2010.

GONÇALVES, F.S.M. Mecanismos de ação relacionados à atividade antiúlcera de *Kalanchoe pinnata* (Lam) Pers. (Crassulaceae). 2017. 134 p. Tese (Doutorado em Ciências Farmacêuticas. Universidade de São Paulo. São Paulo. 2017.

GRANDO, R. Avaliação da atividade antinociceptiva de frações etanólicas e diclorometano da espécie *Leonurus sibiricus*. 2006. Dissertação (Mestrado em Farmácia, Ponta Grossa, v. 90, n. 3, p. 200-203, 2009.

HARAGUSHI, L.M.M.; CARVALHO, O.B. de. (Org.) **Plantas medicinais**. 1ª ed. São Paulo: Divisão Técnica Escola Municipal de Jardinagem, Secretarias do Verde, Meio Ambiente e Saúde da Prefeitura de São Paulo, 2010. 245 p.

HASHIMOTO, G.; NAGATANI, Y. **Plantas medicinais em cultivo e suas propriedades terapêuticas**. Itaquera: Editora Topan-Press Ltda, 2003. 43 p.

HERBARIUM. **Introdução à fitoterapia. Utilizando adequadamente as plantas medicinais**. Colombo: Herbarium Lab. Bot. Ltda, 2008. 104 p.

HSU, H.Y.; CHEN, Y.; SHEN, I.; HSU, C.; SHEN, S.; CHEN, C. Matéria médica Oriental. 1ª ed. São Paulo: Editora Roca Ltda, 1999. 774 p.
https://doi.org/10.1007/978-3-319-69627-0_121-1SPERANDIO A.M.G. (2020). Estratégias do planejamento urbano e da promoção da saúde: A mandala da cidade saudável. Intellectus Revista Acadêmica Digital, 28(1) (pp 79-95). Brasil. Recuperado de http://www.revistaintellectus.com.br/ArtigosUpload/64.766.pdf
INDICE TERAPEUTICO FITOTERÁPICO - ITF, 1ª ed. Petrópolis, Editora de Publicações Biomédicas, 2008. 328 p.
INDICE TERAPEUTICO FITOTERÁPICO - ITF, 2ª ed. Petrópolis: Editora de Publicações Biomédicas, 2013. 660 p.
KINUPP, V.F.; LORENZI, H. **Plantas alimentícias não convencionais (PANC) no Brasil**. 1ª ed. São Paulo: Pancron Industria gráfica, 2017. 768 p.
LAMEIRA, O.A.; PINTO, J.E.B.P. Plantas medicinais: do cultivo, manipulação e uso à recomendação popular. Belém: Embrapa Amazônia Oriental. 2008. 264 p.
LAMEIRA, O.A.; PINTO, J.E.B.P. **Plantas medicinais**: do cultivo, manipulação e uso à recomendação popular. 1ª ed. Belém: Embrapa Amazônia Oriental, 2008. 264 p.
LEGRAMANDI, V.H.P. *Kalanchoe gastonis-bonnieri* Raym.-Hamet & H. Perrier e *Kalanchoe pinnata* Pers. (Crassulaceae): atividade antifúngica e estudo farmacognóstico comparativo. 2011. 62 p. Dissertação (Mestrado em Ciências Farmacêuticas). Universidade Estadual Paulista "Júlio de Mesquita Filho". Araraquara, 2011.
LEITE, M.L.S. Manual de fitoterapia chinesa e plantas brasileiras. 1ª ed. São Paulo: Editora Ícone, 2005. 368 p.
LIMA, S.M.R.R. Fitomedicamentos na prática médica. 1ª ed. São Paulo: Editora Atheneu Rio. 2012. 480 p.
LOPATA, V.J.; GARDONI, B.L.K.; NOWACKI, L.; RIBEIRO, C.N. de M.; SOUZA, W.M. de. Triagem fitoquímica e atividade antimicrobiana da *Stachytarpheta cayennensis* (L.C. Rich) Vahl – Gervão. Revista Eletrônica Biociências, Biotecnologias e Saúde. Curitiba, v. 1, n. 2, maio-ago. 2011.
LORENZI, H. Árvores brasileiras II: manual de identificação e cultivo de plantas arbóreas nativas do Brasil. 3ª ed. Nova Odessa: Editora Plantarum de Estudos da Flora Ltda. 1998. 1120 p.
LORENZI, H. Árvores brasileiras: manual de identificação e cultivo de plantas arbóreas nativas do Brasil. Nova Odessa: Editora Plantarum de Estudos da Flora Ltda. 1992. 368 p.
LORENZI, H. Árvores Exóticas no Brasil. Nova Odessa: Ed. Plantarum de Estudos da Flora Ltda. 2003. 425 p.
LORENZI, H. Plantas daninhas do Brasil. 3ª ed., Nova Odessa: Editora Plantarum de Estudos da Flora Ltda. 2000. 640 p.
LORENZI, H. Plantas para jardim no Brasil. 2ª ed., Nova Odessa: Editora Plantarum de Estudos da Flora Ltda. 2000. 1120 p.
LORENZI, H.; BACHER, L.B.; LACERDA, M.T.C.; SARTORI, S. Frutas brasileiras e exóticas cultivadas. Nova Odessa: Editora Plantarum de Estudos da Flora Ltda. 2006. 672 p.
LORENZI, H.; BACHER, L.B.; TORRES, M.A.V. Árvores e arvoretas no Brasil: madeireiras, ornamentais e aromáticas. Nova Odessa: Editora Plantarum de Estudos da Flora Ltda. 2018. 464 p.
LORENZI, H.; LACERDA, M.; BACHER, L.B. Frutas no Brasil: nativas e exóticas (de

consumo in natura). Nova Odessa: Editora Plantarum de Estudos da Flora Ltda. 2015. 768 p.
LORENZI, H.; MATOS, F.J.A. Plantas medicinais no Brasil. Nativas e exóticas. 2ª ed. Nova Odessa: Instituto Plantarum, 2008. 544 p.
LORENZI, H.; MATOS, F.J.A. Plantas medicinais no Brasil: nativas e exóticas cultivadas. 2ª ed., Nova Odessa: Editora Plantarum de Estudos da Flora Ltda. 2008. 576 p.
LORENZI, H.; MOREIRA, H. Plantas ornamentais no Brasil: arbustivas, herbáceas e trepadeiras. Nova Odessa: Editora Plantarum de Estudos da Flora Ltda. 2001. 736 p.
LORENZI, H.; OLSTHOORN, G.; COSTA, C. Cactos e outras suculentas para decoração. Nova Odessa: Editora Plantarum de Estudos da Flora Ltda. 2019. 399 p.
LORENZI, H.; SARTORI, S.; BACHER, L.B.; LACERDA, M. Frutas brasileiras e exóticas cultivadas (de consumo in natura). Nova Odessa: Editora Plantarum de Estudos da Flora Ltda. 2006. 572 p.
LORENZI, H.; SOUZA, H.M.; TORRES, M.A.V.; BACHER, L.B. Árvores exóticas no Brasil: madeireiras, ornamentais e aromáticas. Nova Odessa: Editora Plantarum de Estudos da Flora Ltda. 2003. 425 p.
LOZANO, A.F.Q.; BAGNE, L.; HORA, D.C.B. Uma abordagem dos efeitos terapêuticos do *Allium sativum* (alho) no sistema imunológico. Revista Científica da FHO – UNIARARAS. Araras, v. 3, n. 1, p. 31-36, 2015.
MAIA, A.C.C.M.; SOARES, F.C.C.; MARTINS JUNIOR, H.B.; BAPTISTA, E.R. *Vitex agnus-castus* L.: um estudo etnobotânico e etnofarmacológico. Revista Virtual de Iniciação Acadêmica da UFPA. v. 1, n. 2, p. 1-15, jul. 2001. Disponível em: <http://www.ufpa.br/revistaic>. Acesso em: 10 out. 2019.
MARANCA, G. Plantas aromáticas na alimentação. São Paulo: Livraria Nobel. 1986. 123 p.
MARONI, B.C.; STASI, L.C.D.; MACHADO, S.R. Plantas medicinais do cerrado de Botucatu – guia ilustrado. São Paulo: Fundação Editora UNESP. 2006. 220 p.
MARQUES, A.M. Potencial químico e farmacológico de *Echinodorus grandiflorus*: uma espécie de uso popular com grande potencial para o desenvolvimento de um fitomedicamento no país. 2016. 45 p. Monografia. (Especialista em Gestão da Inovação em Medicamentos da Biodiversidade). Rio de Janeiro, 2016.
MARQUES, V.R.B. Do espetáculo da natureza à natureza do espetáculo: boticários no Brasil setecentista. 1998. Tese (Doutorado em História) – Instituto de Filosofia e Ciências Humanas, Universidade Estadual de Campinas, Campinas. MO
MARTINS, E.R.; FIGUEIREDO, L.S.; GUIÃO, M.; SOUZA, M.F.; SOUZA, P.N.S.; MENDES, A.D. Plantas medicinais em comunidades do Norte de Minas e Vale do Jequitinhonha. Montes Claros: Editora UFMG. 2011. 72 p.
MATOS, F.J.A. Farmácias vivas. 4ª ed. Fortaleza: Editora UFC, 2002. 267 p.
MATOS, F.J.A.; LORENZI, H.; SANTOS, L.F.L.; MATOS, M.E.O.; SILVA, M.G.V.; SOUSA, M.P. Plantas tóxicas – estudo de fitoxicologia química de plantas brasileiras. Nova Odessa: Editora Plantarum de Estudos da Flora Ltda. 2011. 256 p.
McINTYRE, A. **Guia completo de fitoterapia**. 1ª ed. São Paulo: Editora Pensamento, 2012. 256 p.
McVICAR, J. **O poder das ervas medicinais aromáticas**. 2ª ed. Toppon: Dorling Kinderseley-Civilização Editores Ltda, 2007. 288 p.
MEARELLI, F. Piante medicinali: controindicazioni, effeti collatraterali e interazioni com i farmaci. 1ª ed. Milano: Editora Società Italiana delle Scienze e delle Tecniche

Erboristiche, 2009. 158 p.
MELLO, M.; BUDEL, J.M. *Equisetum* L. (Equisetaceae): uma revisão. Cadernos da Escola de Saúde, Curitiba, v. 9, n. 1, p. 1-15, 2017.
MENGUE, S.S.; MENTZ, L.A.; SCHENKEL, E.P. Uso de plantas medicinais na gravidez. In: SANSEVERINO, M.T.V.; SPRITZER, D.T.; SCHULER-FACCINI, L. (org.). Manual de Teratogênese. Porto Alegre, Editora da Universidade, UFRGS, 2001. p. 423-450.
MESSIANO, G.B. Terpenos e lignanas de Aristolochiaceae. 2010. 130 p. Doutorado. (Tese em Química). Instituto de Química - Universidade Estadual Paulista. Araraquara, 2010.
MICHALAK, E. **Apontamentos fitoterápicos da irmã Eva Michalak**. Santa Catarina: EPAGRI, 2002. 96 p.
MILANEZE, B.A.; ANTUNES, J.V.M.; BARCELOS, R.M.; GILES, J.A.D.; AGUILAR, E.B. DE; BELINELO, V.J. Avaliação fitoquímica e antibacteriana de extrato em acetato de etila das folhas de *Solanum cernuum* Vell. (Solanaceae). In: REUNIÃO ANUAL DA SBPC, 63., 2011, Goiânia. UFG.
MOREIRA, R.C.T.; COSTA, L.C.B.; COSTA, R.C.S.; ROCHA, E.A. Abordagem Etnobotânica acerca do uso de plantas medicinais na Vila Cachoeira, Ilhéus, Bahia, Brasil. Revista Acta Farmacéutica Bonaerense, Argentina, v. 21, n. 3, p. 205-11, 2002. [Links]
NEGRAES, P. Guia de A-Z de plantas: condimentos. São Paulo: Copyright BEÍ. 2003. 267 p.
NUNES, R.de O. Prospecção etnofarmacológica de plantas medicinais utilizadas pela população remanescente de quilombolas de Rolim de Moura do Guaporé, Rondônia, Brasil. 2016. 200 p. Tese (Doutorado em Fitotecnia) – Universidade Federal de Viçosa. Viçosa, 2016.
OLIVEIRA, L.M.S. Atividades biológicas de metabólitos de cactaceae e *Micrococcus luteus*. 2017. 96 p. Tese. (Doutorado em Ciências Biológicas). Universidade Federal de Pernambuco, Recife. 2017.
ORTENCIO, B. **Medicina popular do Centro Oeste**. 3ª ed. Brasília: Editora Theasures Editora de Brasília, 2012. 540 p.
PALOMBI, D. La medicina dei semplici. Certos adi Pavia: Edizioni Torchio de Ricci. s/ano. 157 p.
PANIZZA, S. Plantas que curam: cheiro do mato. 9ª ed. São Paulo, Editora Instituição Brasileira de Difusão Cultural, 1997. 279 p.
PANIZZA, S.; PANIZZA, S.T. **Ensinando a cuidar da saúde com as plantas medicinais**. Rio de Janeiro: Editora Prestígio, 2005. 158 p.
PANIZZA, S.; **Plantas que curam**, 4ª ed. São Paulo: Editora IBRASA, 1997. 279 p.
PANIZZA, S.T. **Uso tradicional de plantas medicinais e fitoterápico**. 1ª ed. São Luís: Editora e Gráfica Vida e Consciência, 2012. 267 p.
PARANÁ. Secretaria Municipal de Saúde e Promoção Social de Medianeira. Centro Popular de Saúde. **Plantas Medicinais**. Medianeira: Gráfica Sabadin, 2004. 50 p.
PASSOS, M.M.B. DOS; ALBINO, R.C.; FEITOZA-SILVA, M.; OLIVEIRA, D.R. de. A disseminação cultural das garrafadas no Brasil: um paralelo entre medicina popular e legislação sanitária. Saúde Debate, Rio de Janeiro, v. 42, n. 116, p. 248-262, jan-mar. 2018.
PASTORE JÚNIOR, F. (Coord.); ARAÚJO, V.F. de; PETRY, A.C.; ECHEVERRIA, R.M.; FERNANDES; E.C. Plantas da Amazônia para produção cosmética: uma abordagem química - 60 espécies do extrativismo florestal não-madeireiro da Amazônia.

Brasília: Universidade de Brasília, 2005. 244 p.
PAVAN-FRUEHAUH, S. Plantas medicinais de Mata Atlântica: manejo sustentado e amostragem. São Paulo: Annablume Editora. 2000. 215 p.
PEREIRA, A.M.; BERTONI, B.; SILVA, C.C.M.; FERRO, D.; CARMONA, F; CESTARI, I.M.; BARBOSA, M. da G.H. **Formulário fitoterápico da farmácia da natureza**, 2ª ed., Ribeirão Preto: Editora Bertolucci, 2014. 324 p.
PEREIRA, A.M.S.; BERTONI, B.; SILVA, C.C.M.; FERRO, D.; CARMONA, F.; CESTARI, I.M.; BARBOSA, M. da G.H.; DANDARO, I.M.C.; MOREL, L.J. de F.; ANGELUCCI, M.A.; DONEIDA, V. **Formulário de preparações extemporâneas**, 1ª ed., Ribeirão Preto: Editora Bertolucci, 2017. 270 p.
PEREIRA, A.M.S.; BERTONI, B.V.; JORGE, C.R.; FERRO, D.; CARMONA, F.; MOREL, L.J.F; OLIVEIRA, M. **Manual prático de multiplicação e colheita de plantas medicinais**. 1ª ed., Ribeirão Preto: Editora Bertolucci, 2011. 301 p.
PEREIRA, R. de C.A.; MOREIRA, A.L.M. Manjericão cultivo e utilização. Documentos, 136. Embrapa Agroindústria Tropical, Fortaleza, 31 p. 2011.
PIERI, F.A.; MUSSI, M.C.; MOREIRA, M.A.S. Óleo de copaíba (*Copaifera* sp.): histórico, extração, aplicações industriais e propriedades medicinais. Revista Brasileira de Plantas Medicinais, Botucatu, v. 11, n. 4, p. 465-472, 2009.
PIZZOLATTI, M.G.; CUNHA JUNIOR, A.; SZPOGANICZ, B.; SOUSA, E. de. Flavonóides glicosilados das folhas e flores de *Bauhinia forficata* (Leguminosae). Quimica Nova, v. 26, n. 4, p. 466-469, 2003.
PLANTAS que curam. 4 v., Editora Três, 1983.
RIOS, M.N. da S.; PASTORE JÚNIOR, F. (Org.). Plantas da Amazônia: 450 espécies de uso geral. Brasília: Universidade de Brasília, Biblioteca Central, 2011. 3378 p., il. Disponível em: <http://repositorio.unb.br/handle/10482/35458>. Acesso em 03 jan. 2019.
RODRIGUES, M.G. Flora do cerrado goiano: estudo morfo-anatômico, prospecção fitoquímica, composição química e avaliação da atividade antibacteriana de partes constituintes de *Justicia pectoralis* Jacq. (ACANTHACEAE). 2017. 127 p. Dissertação (Mestrado em Ciências Ambientais) – Centro Universitário de Anápolis. Anápolis, 2017.
RODRIGUES, V.E.G.; CARVALHO, D.A. Plantas medicinais nas florestas semideciduais. Lavras: Editora UFLA. 2001. 128 p.
RODRIGUES, V.E.G.; CARVALHO, D.A. Plantas medicinais no domínio dos Cerrados. Lavras: Editora UFLA. 2001. 180 p.
SANGUINETTI, E.E. O chá para a criança. 1ª ed. Porto Alegre: Editora Sagra-DC Luzzatto, 1996. 203 p.
SANTAYANA, M.P. Guía de las plantas medicinales de Cantabria. Santander: Ediciones de Librería Estudio. 2004. 295 p.
SANTOS, N.V. dos. Potencialidades terapêuticas de *Taraxacum officinale*. 2017. 83 p. (Dissertação). Mestrado Integrado em Ciências Farmacêuticas. – Faculdade de Farmácia, Universidade de Coimbra. Coimbra, 2017.
SARTOR, C.F.P.; AMARAL, V. do; GUIMARÃES, H.E.T.; BARROS, K.N. de; FELIPE, D.F.; CORTEZ, L.E.R.; VELTRINI, V.C. Estudo da ação cicatrizante das folhas de *Pereskia aculeata*. Revista Saúde e Pesquisa, v. 3, n. 2, p. 149-154, maio/ago. 2010.
SCHAFFNER, W. Les plantes médicinales et leurs propriétes – manual d'herboriste. Lausanne: Delachaux et Niestlé. 1993. 215 p.

SEGREDOS e virtudes das plantas medicinais: um guia com centenas de plantas nativas e exóticas e seus poderes curativos. Rio de Janeiro: Reader's Digest Brasil Ltda. 1999. 416 p.

SELEÇÕES DO READER'S DIGEST. O livro completo de ervas, Editora Leo Paper Products, China, 2009.

SELEÇÕES, READER'S DIGEST. Segredos e virtudes das plantas medicinais, 2ª ed. Itália: Editora Reader's Digest LV, 1999.

SILVA, L.F.C.R.; VALLE, L.S.; NASCIMENTO, A.R.C.; MEDEIROS, M.F.T. *Cereus jamacaru* DC. (Cactaceae): dos naturalistas do século XVII à prospecção científica e tecnológica moderna. Acta Botânica Brasileira. Belo Horizonte, v. 33, n. 2, abr./jul. 2019.

SOARES, A.S. Remédios naturais, 1ª ed. Petrópolis: Editora Vozes, 2008. 238 p.

SOARES, C.A. Aprenda tudo sobre chás. 1ª ed. Fortaleza: Editora Premius, 2012. 102 p.

SOARES, C.A. As plantas medicinais como alternativa de tratamento. 1ª ed. Petrópolis: Editora Vozes, 2007. 175 p.

SOUZA SILVA, E.E. de. Estudo fitoquímico e atividade biológica in vitro de *Alternanthera brasiliana* (L.) Kuntze (Amaranthaceae). 147 p. 2013. Dissertação (Mestrado em Recursos Naturais). Universidade Federal do Vale do São Francisco. Petrolina, 2013.

SOUZA, F.A.; GUARIM NETO, G. Aspectos botânicos e de usos de *Cissus verticillata* (L.) Nicholson & C. E. Jarvis (Vitaceae): insulina-vegetal. FLOVET, Cuiabá, v. 1, n. 1, p. 21-39, 2009.

SOUZA, T.M.; SEVERI, J.A.; SILVA, V.Y.A.; SANTOS, E.; PIETRO, R.C.L.R. Bioprospecção de atividade antioxidante e antimicrobiana da casca de *Stryphnodendron adstringens* (Mart.) Coville (Leguminosae-Mimosoidae). Revista de Ciências Farmacêuticas Básica e Aplicada, Araraquara, v. 28, n. 2, p. 221-226, 2007.

SOUZA, V.C.; FLORES, T.B.; LORENZI, H. Introdução à Botânica: Morfologia. Nova Odessa: Editora Plantarum de Estudos da Flora Ltda. 2013. 224 p.

SOUZA, V.C.; LORENZI, H. Botânica sistemática – guia ilustrado para identificação das famílias de angiospermas da flora brasileira, baseado em APG III. 3ª ed. Editora Nova Odessa: Editora Plantarum de Estudos da Flora Ltda. 2012. 768 p.

SPERANDIO, A.M.G., BLOES, R.B. (2020). Community Urban Gardens: Social Instrument for Healthy and Health-Promoting Cities. In: Leal Filho W., Wall T., Azul A., Brandli L., Özuyar P. (eds) Good Health and Well-Being. Encyclopedia of the UN Sustainable Development Goals. Springer, Cham.

SPERANDIO, A.M.G.; MACHIN, D.G.; FORTUNATO, M.A.B. Políticas integradas em rede e a construção de espaços saudáveis. 1ª ed. São Paulo: Editora Artcolor Ltda, 2010. 187 p.

STASI, L.C.D.; HIRUMA-LIMA, C.A. Plantas medicinais na Amazônia e na Mata Atlântica. 2ª ed. São Paulo: Editora UNESP. 2002. 604 p.

TESKE, M.; TRENTINI, A.T.M. Compêndio de fitoterapia. Editora: Herbarium Lab. Bot. Ltda.1995. 317 p.

Tropicos.org. Missouri Botanical Garden. Disponível em: <http://tropicos.org/>. Acesso em: 29 Jul 2019.

VIEIRA, I.S. Fitoterapia da Amazônia, 2ª ed. São Paulo: Editora Agronômica CERES, 1992. 347 p.

VOLÃK, J.; STODOLA, J. Plantes médicinales. Paris: Librairie Grund. 1983. 319 p.
YAMASSAKI, F.T. Moléculas bioativas das folhas de Persea americana. 2010. 47 p. Monografia apresentada ao Curso de Graduação em Ciências Biológicas. Universidade Federal do Paraná. Curitiba, 2010.
YARZA, O. Plantas que curam plantas que matam. São Paulo: Hemus Editora Ltda. 1982. 229 p.